Das Zahlenbuch 1

Förderheft

Von Erich Ch. Wittmann, Gerhard N. Müller,
Marcus Nührenbörger und Ralph Schwarzkopf

Bearbeitung der Ausgabe 2022:
Marcus Nührenbörger, Ralph Schwarzkopf,
Melanie Bischoff, Daniela Götze, Birgit Heß

Ernst Klett Verlag
Stuttgart · Leipzig · Dortmund

Inhalt

Zählen und Erzählen

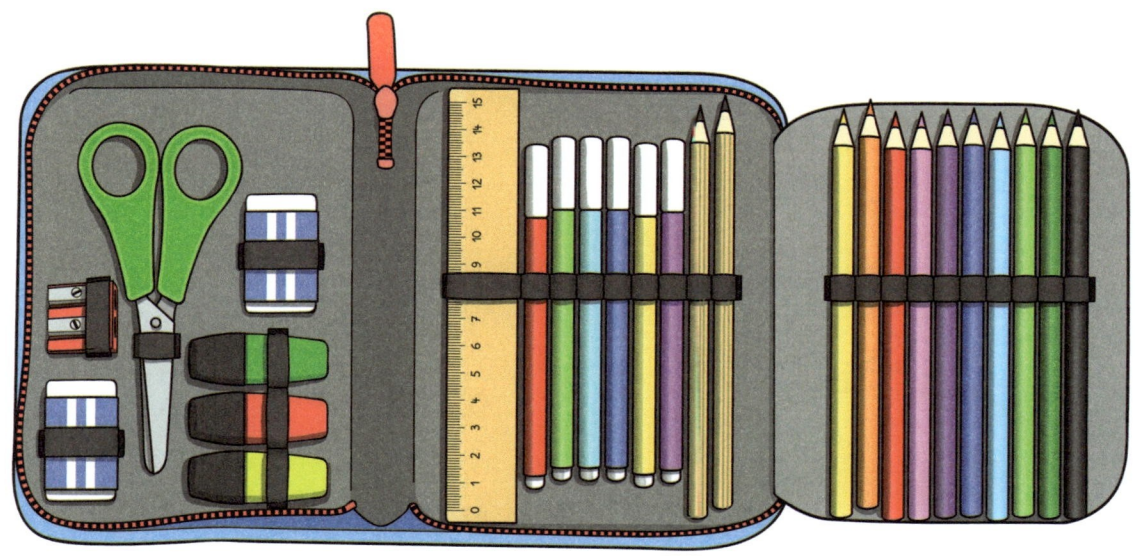

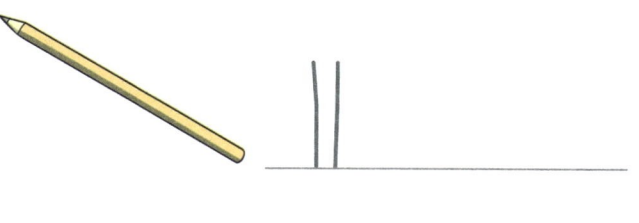

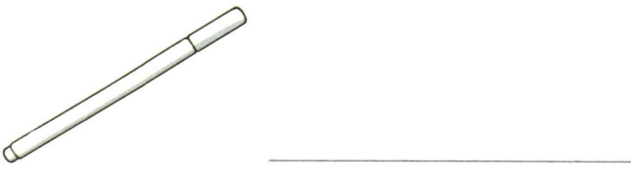  

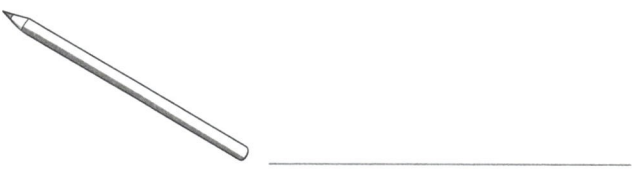 

○ **2**

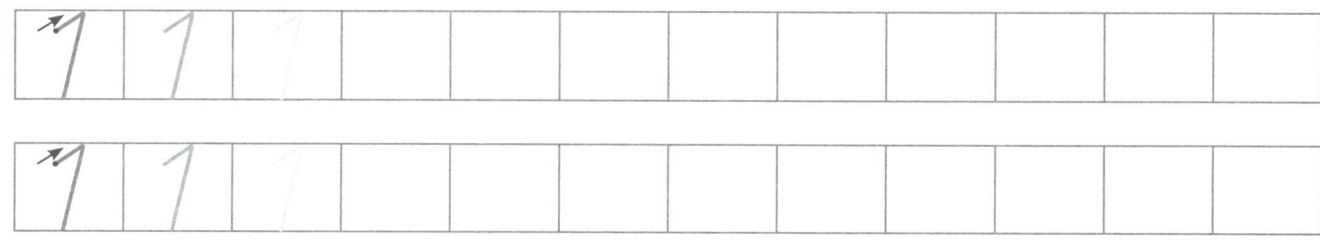

---

1 Anzahlen der Gegenstände im Etui bestimmen. Zählen und Dokumentieren der Materialien des eigenen Etuis (KV).
2 Beginn des Ziffernschreibkurses (KV).

→ Schulbuch, Seiten 4/5

Zahlen in der Umwelt

1

0 1 2 3 4 5

112

2 Zahlen zu Hause. ✎

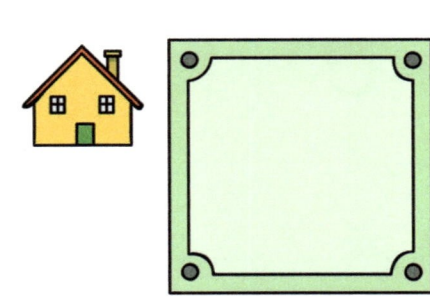

1 Zahlen in der Umwelt bewusst erkennen, Zahlen ggf. nachspuren. **2** Zu Hause auf Zahlen aufmerksam werden (wie z.B. Telefonnummer, Hausnummer, Autokennzeichen, Anzahl der Familienmitglieder, Tiere, Geburtstag, Kalender ...).

→ Schulbuch, Seiten 6/7

Zahlen bis 10

1 Mengen und Zahlen verbinden. **2** Gegenstände entsprechend der vorgegebenen Anzahlen bündeln.

→ Schulbuch, Seiten 8/9

5

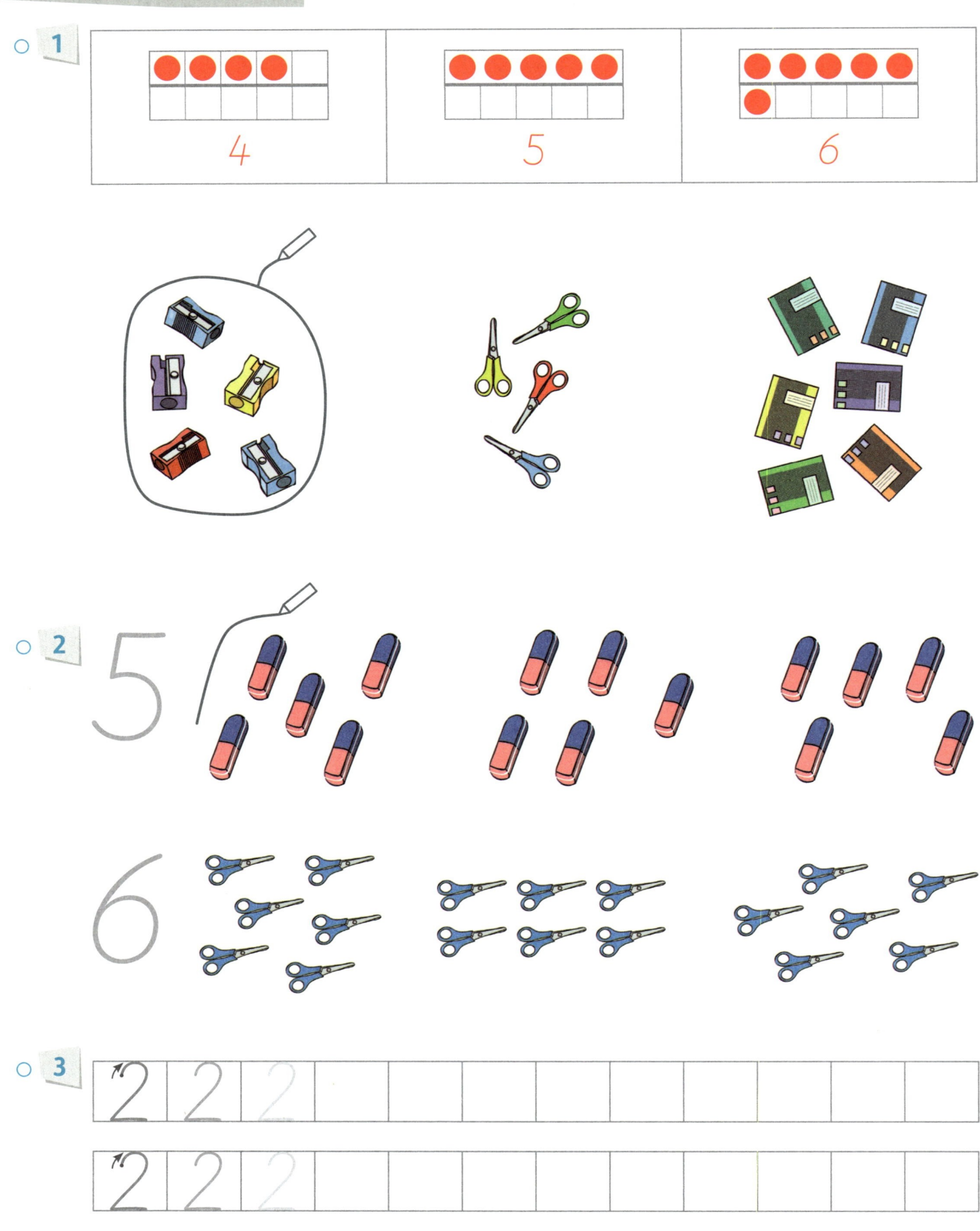

1 Mengen und Zahlen verbinden. **2** Gegenstände entsprechend der vorgegebenen Anzahlen bündeln.
Weitere Übungen auf KV. **3** Fortsetzung Ziffernschreibkurs.

→ Schulbuch, Seiten 8/9

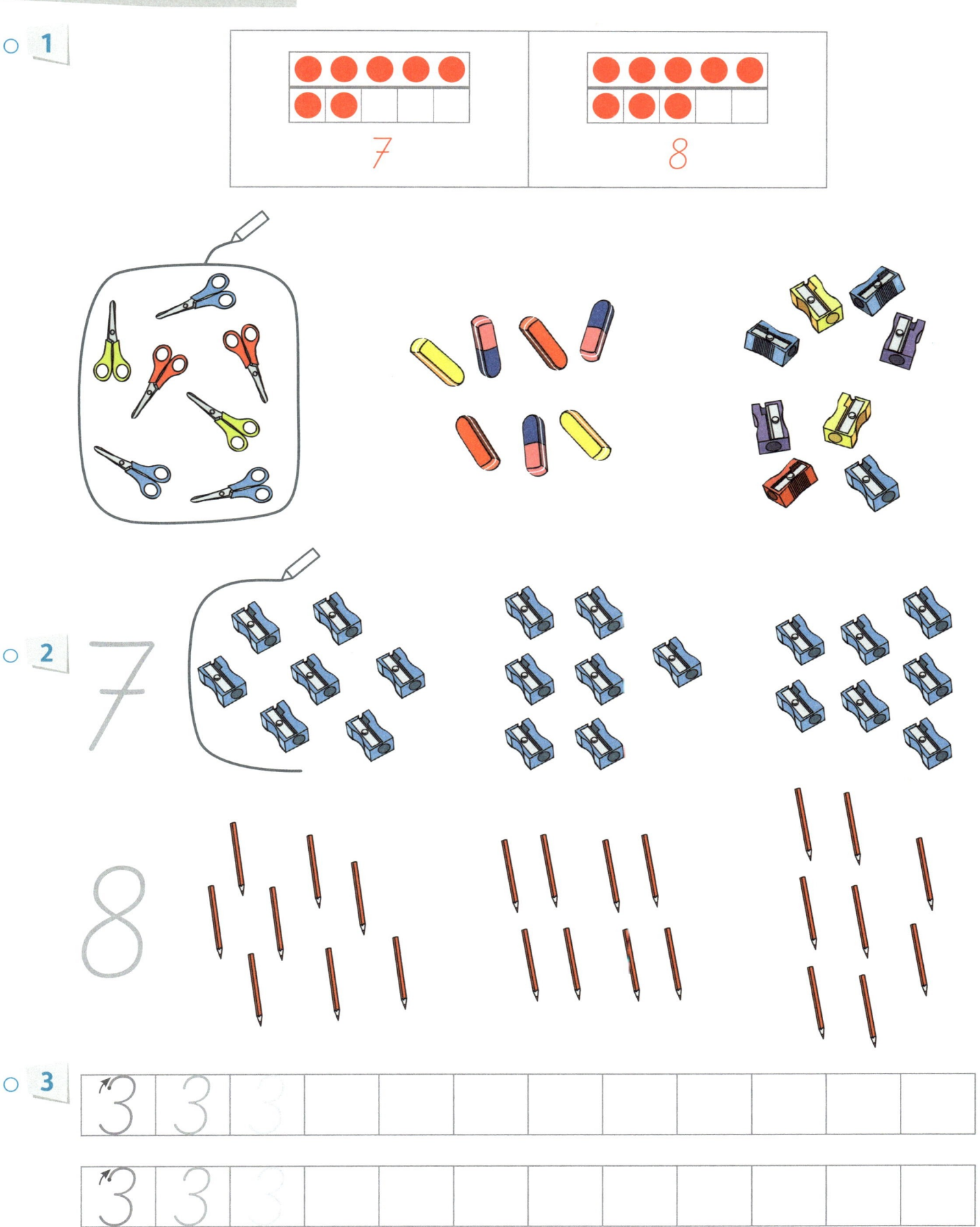

1

7   8

2

7

8

3

3 3 3

3 3 3

1 Mengen und Zahlen verbinden.   **2** Gegenstände entsprechend der vorgegebenen Anzahlen bündeln.
Weitere Übungen auf KV.   **3** Fortsetzung Ziffernschreibkurs.
→ Schulbuch, Seiten 8/9

7

1

9   *10*

2

9

10

3

4 4 4

4 4 4

1 Mengen und Zahlen verbinden.   **2** Gegenstände entsprechend der vorgegebenen Anzahlen bündeln.
Weitere Übungen auf KV.   **3** Fortsetzung Ziffernschreibkurs.

→ Schulbuch, Seiten 8/9

Zahlen am Körper

1 Wie viele? Verbinde.

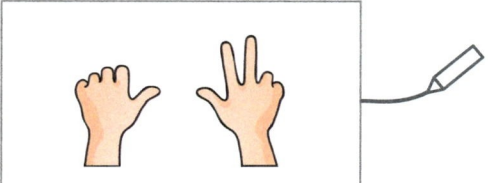 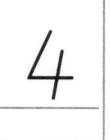 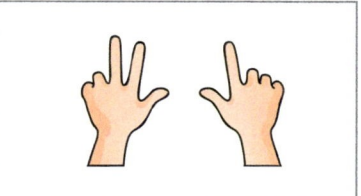

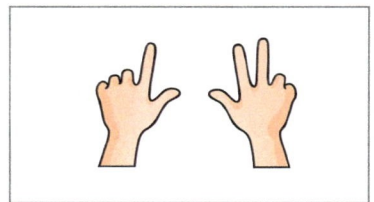

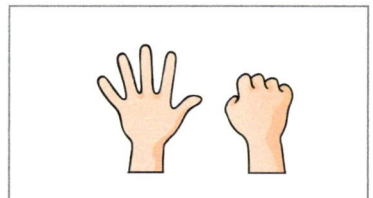

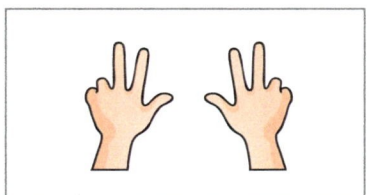

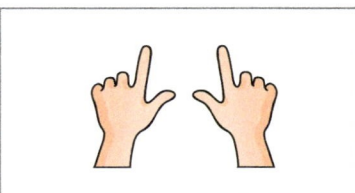

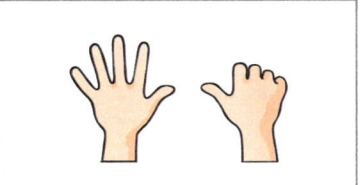
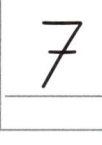
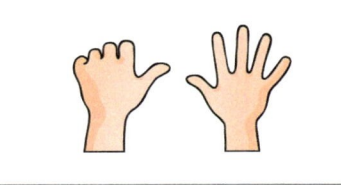

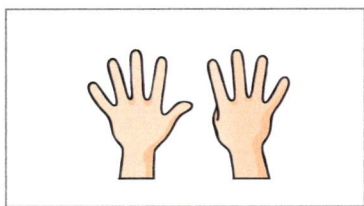

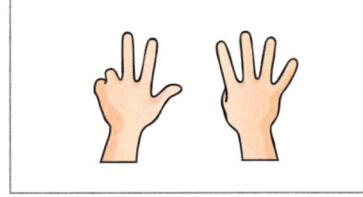

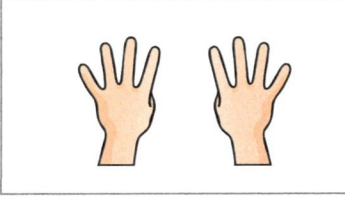

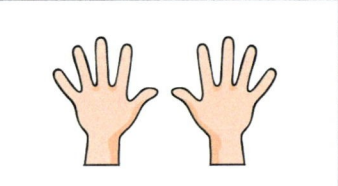

4

5

6

7

8

9

10

1 In Fingerdarstellungen Teilmengen erkennen, Anzahlen bestimmen, mit der Zahlenkarte verbinden.
→ Schulbuch, Seiten 10/11

9

Zahlen mit 5

○ 1

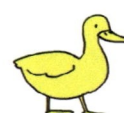

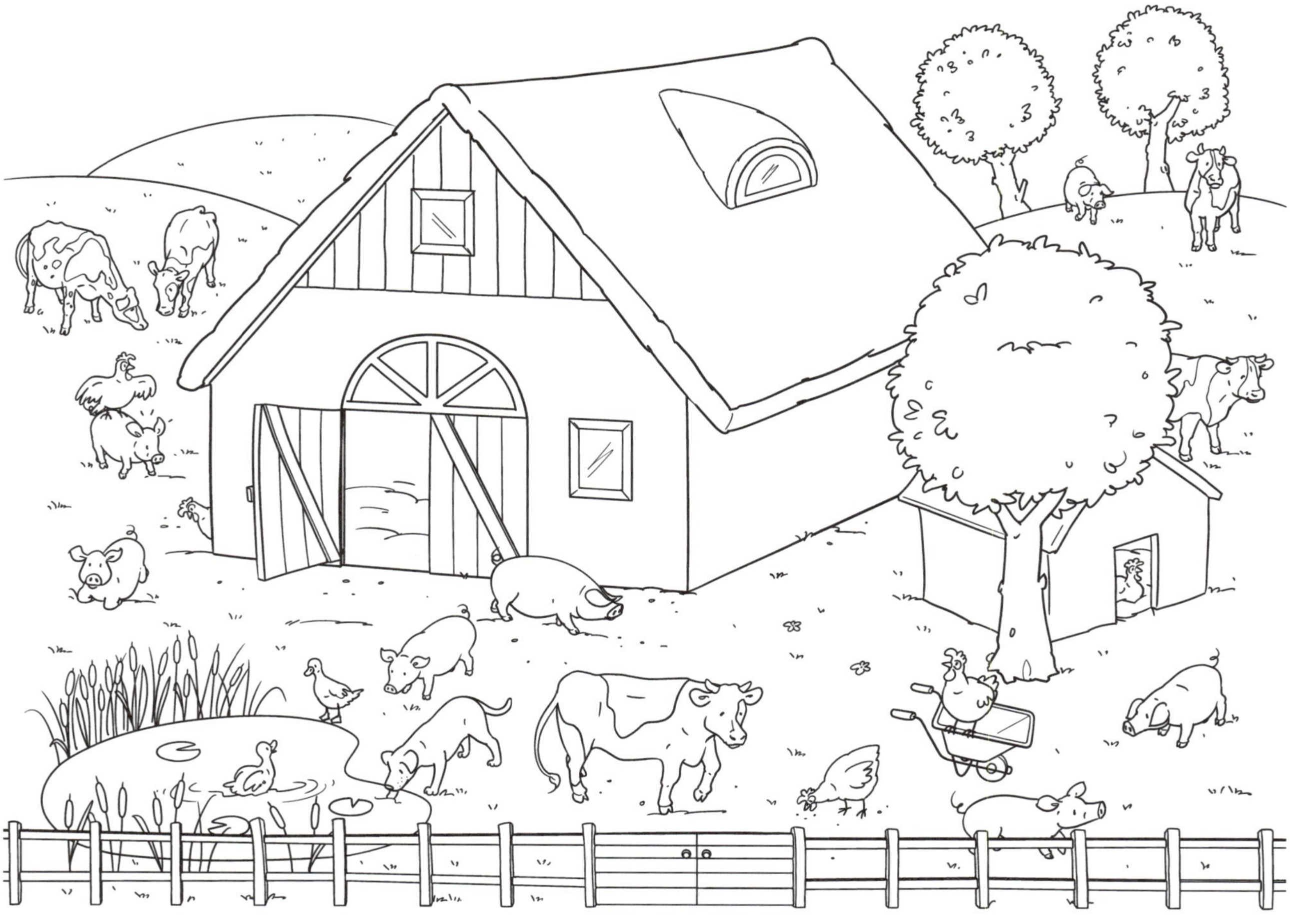

 || 2

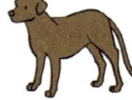

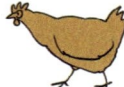

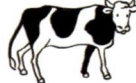

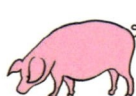

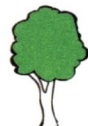

○ 2

5 5 5

5 5 5

1 Mengen strukturieren (Kraft der 5 nutzen) und Anzahlen bestimmen. 2 Zu Strichlisten Zahlen schreiben.

→ Schulbuch, Seiten 12/13

Muster legen

1 Lege nach. Zeichne.

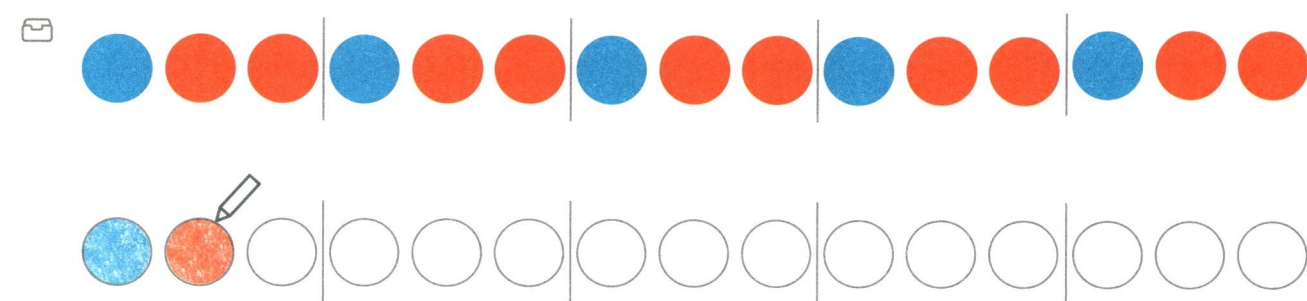

2 Lege, setze fort und zeichne.

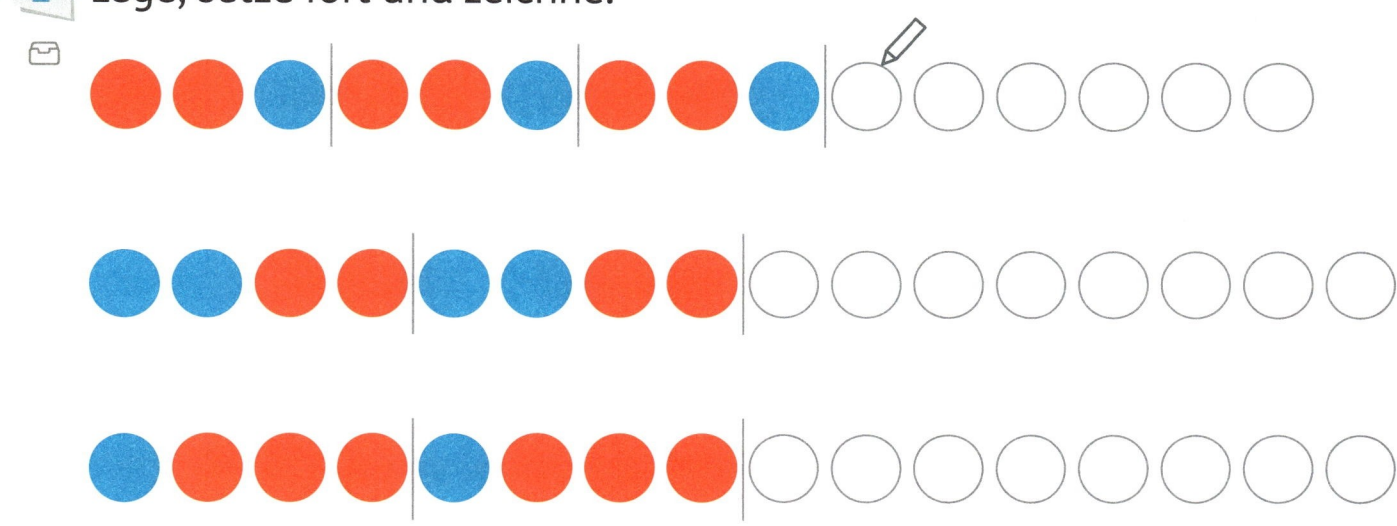

3 Lege, setze fort und zeichne.

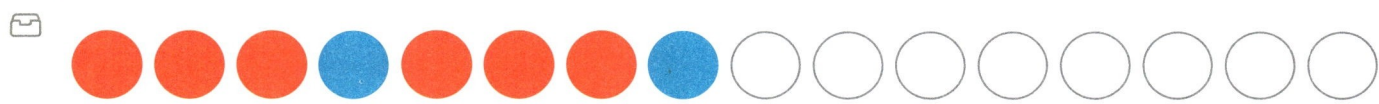

4 Lege und zeichne eigene Muster.

1 Muster nachlegen und nachzeichnen.   **2, 3** Muster fortsetzen, dabei auf das Grundmuster achten.   **4** Eigene Muster legen und zeichnen. Auf Grundmuster achten.

→ Schulbuch, Seiten 14/15

11

Mengen vergleichen

1 Wovon sind es mehr? Kreise ein.

2

6	6	6							
6	6	6							

1 Mengenvergleich durch 1:1 Zuordnung (Verbindungslinien ziehen). Einkreisen der größeren Menge.
2 Ziffernschreibkurs fortsetzen.
→ Schulbuch, Seiten 16/17

Zahlen schnell sehen

1 Wie viele?

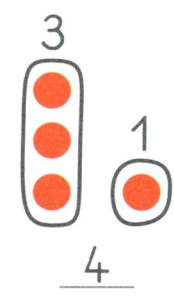 3

1

4

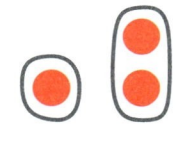

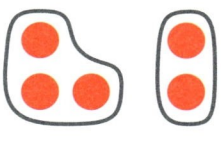

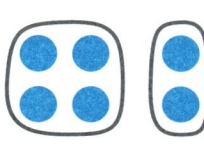

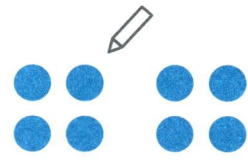

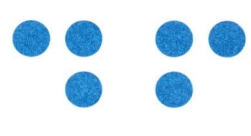

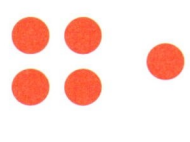

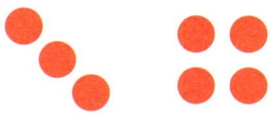

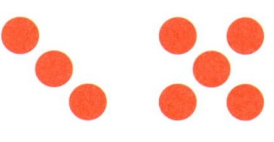

2 Immer 7. Kreise ein.

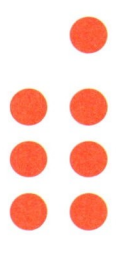

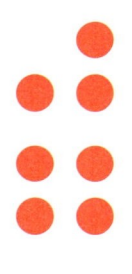

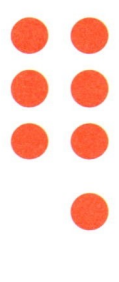

3

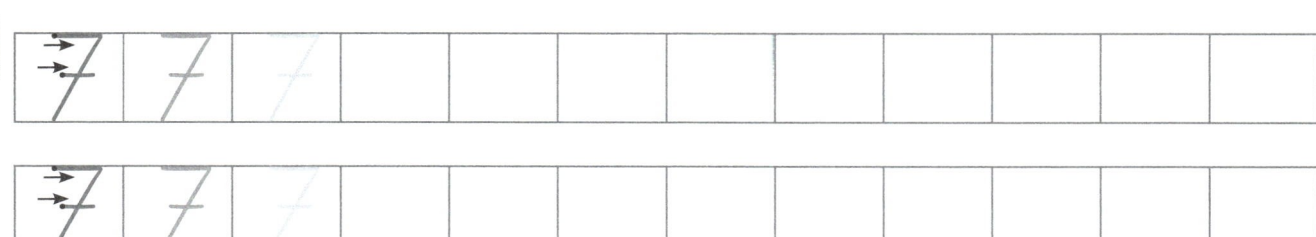

---

1 Vorteilhaftes Zählen durch Zerlegen in Teilmengen. Teilmengen einkreisen und Anzahl notieren. **2** Unterschiedliche Teilmengen einkreisen (z. B. 6 und 1, 3 und 4, 3 und 3 und 1). **3** Ziffernschreibkurs fortsetzen.

→ Schulbuch, Seiten 18/19

1 Wie viele?

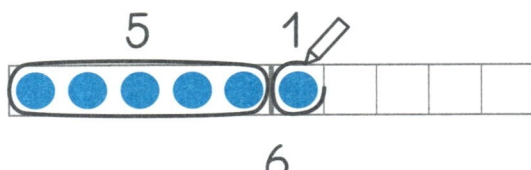

5 1

6

___

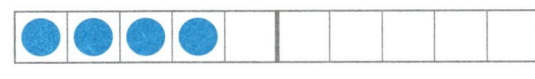

___

___

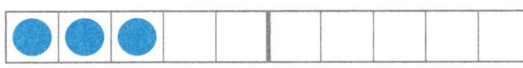

___

___

2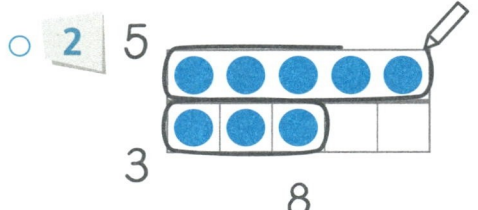

5
3
8

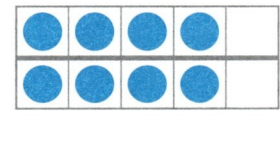

___

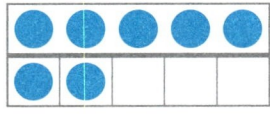

___

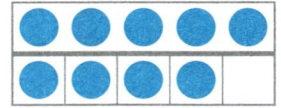

___

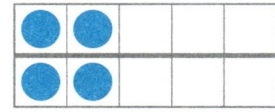

___

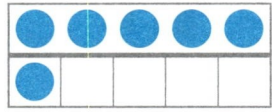

___

3

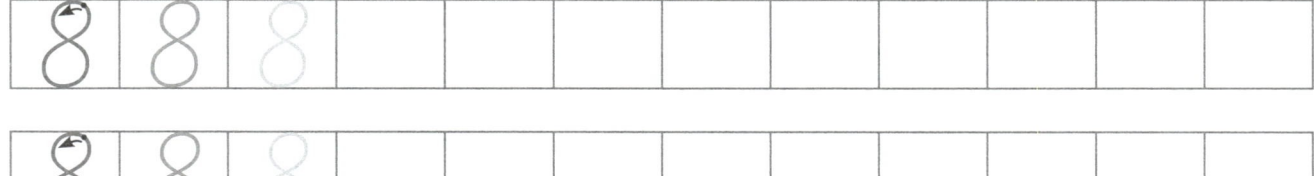

1, 2 Mengen im Zehnerfeld schnell erfassen, Teilmengen einkreisen und Anzahlen ergänzen.
3 Ziffernschreibkurs fortsetzen.

→ Schulbuch, Seiten 20/21

Kraft der 5

1 Wie viele?

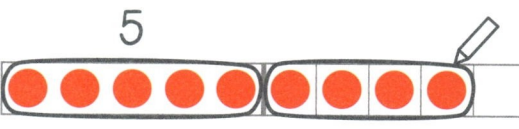

5

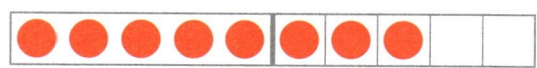

_____

_____

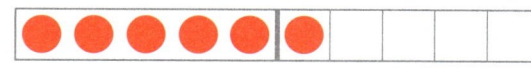

_____

_____

2

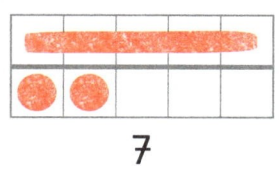

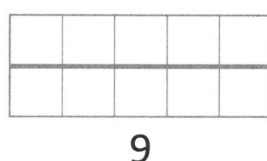

_____

_____

_____

3 Zeichne mit 5.

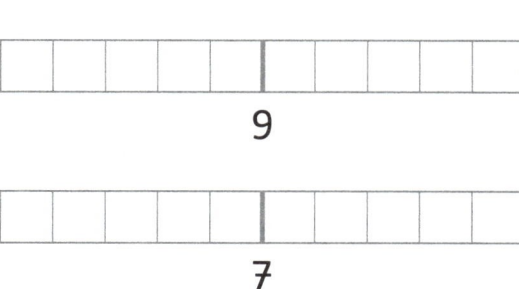

7   8   9

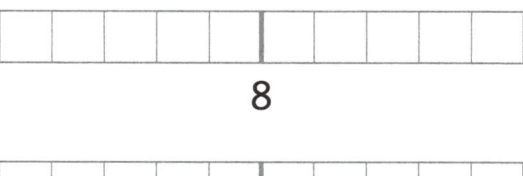

9   8

7   6

4

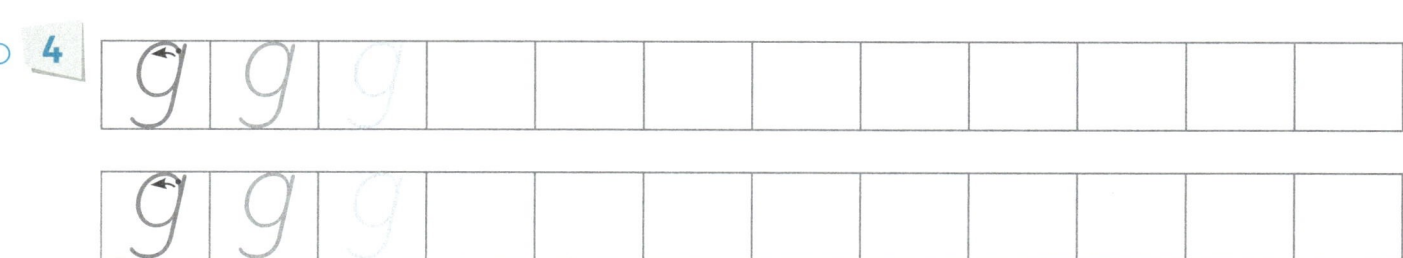

1–3 Fünferbündelung nutzen und Anzahlen bestimmen.   **3** Mengen legen, für den Fünferstreifen einen Strich zeichnen.
4 Ziffernschreibkurs fortsetzen.

→ Schulbuch, Seiten 22/23

15

1 Immer 5. Finde die Fünferpartner.

3

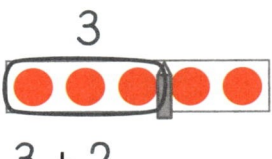

3 + 2

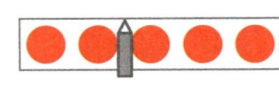

___ + ___

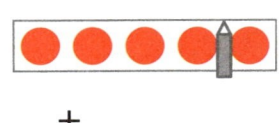

___ + ___

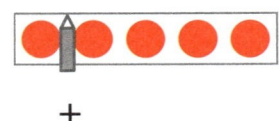

___ + ___

2 Immer 10. Finde die Zehnerpartner.

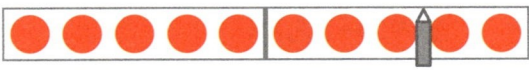

8 + ___

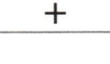

___ + ___

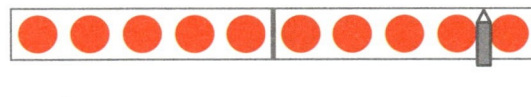

___ + ___

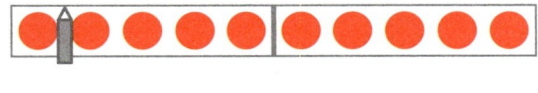

___ + ___

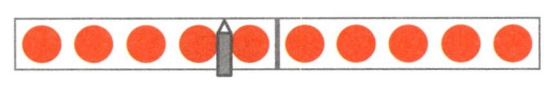

___ + ___

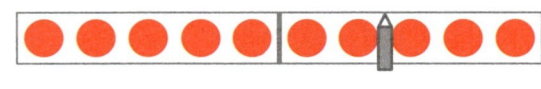

___ + ___

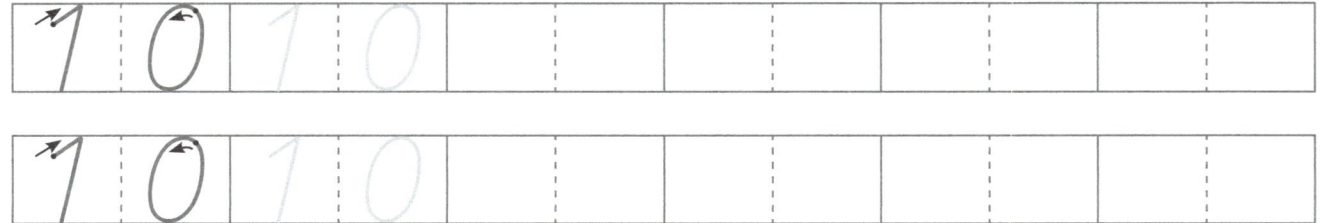

___ + ___

3

1, 2 Zerlegungen der 5 und 10 erkennen und notieren. **3** Ziffernschreibkurs fortsetzen.
→ Schulbuch, Seiten 24/25

Zahlen zerlegen

○ **1** Immer 5.

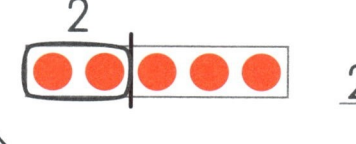

2 + _____

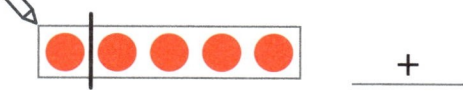

_____ + _____

_____ + _____

_____ + _____

_____ + _____

○ **2** Immer 6.

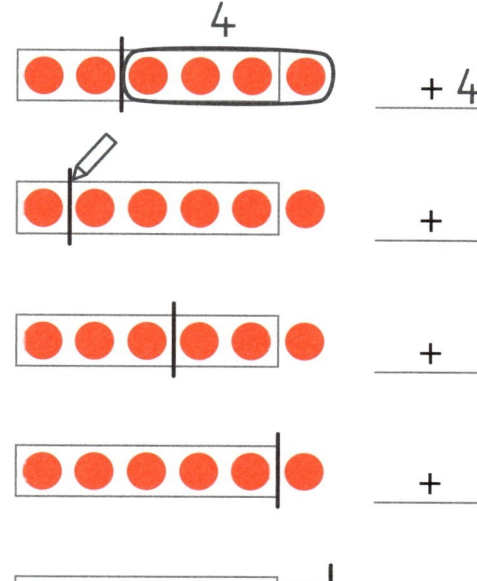

_____ + 4

_____ + _____

_____ + _____

_____ + _____

_____ + _____

○ **3** Immer 7.

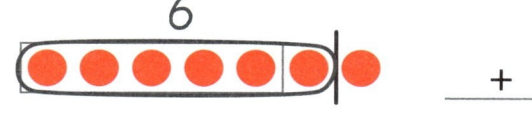

_____ + _____

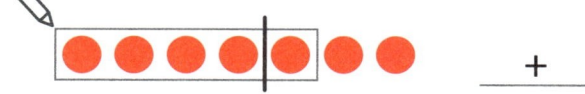

_____ + _____

_____ + _____

_____ + _____

_____ + _____

_____ + _____

_____ + _____

○ **4**

7
0 +
1 +
2 +
3 +
4 +
5 +
6 +
7 +

1–4 Zahlen in zwei Teilmengen zerlegen, Anzahlen (mit Bezug zur 5) geschickt bestimmen.
→ Schulbuch, Seiten 26/27

Zahlen zerlegen

1 Immer 10. Zerlege.

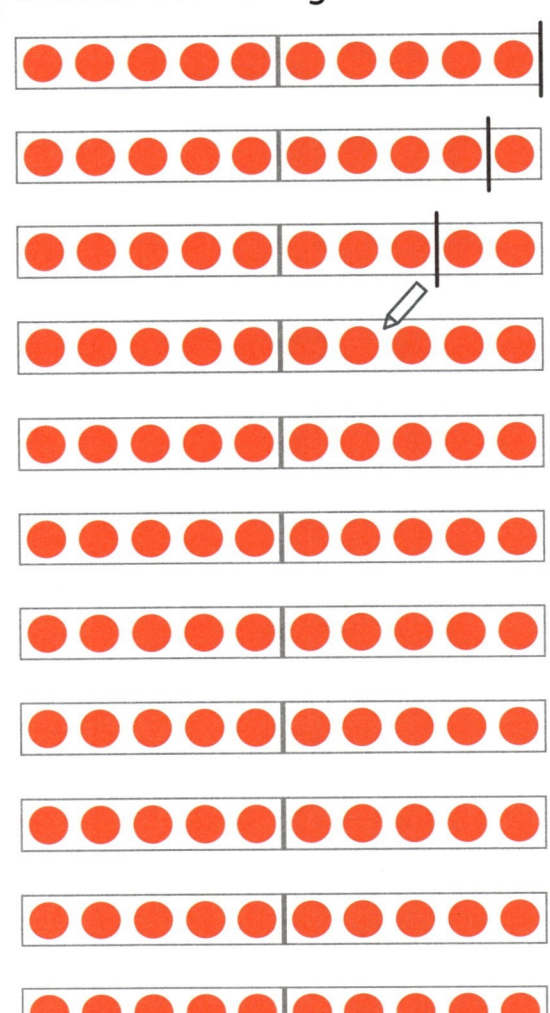

10
10 + 0
9 + 1
+
+
+
+
+
+
+
+
+

2 Zerlege 8.

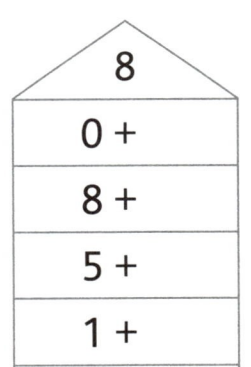

8		8
0 +		+ 1
8 +		+ 2
5 +		+ 3
1 +		+ 4
4 +		+ 5

3 Zerlege 9.

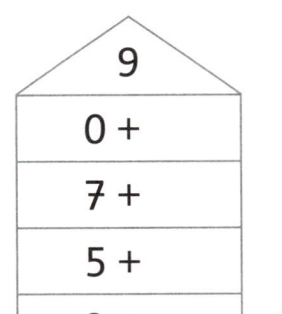

9		9
0 +		+ 8
7 +		+ 7
5 +		+ 6
3 +		+ 5
1 +		+ 4

1 Zerlegungen am Zehnerstreifen darstellen und Aufgaben im Zahlenhaus notieren. Zerlegungsstrich immer um 1 nach links verschieben. Muster besprechen. **2, 3** Zahlen (ggf. am Punktestreifen mithilfe eines Stiftes) in zwei Teilmengen zerlegen, Anzahlen mit Bezug zur fünf geschickt bestimmen und im Zahlenhaus notieren. Zerlegungen zunehmend automatisieren.

→ Schulbuch, Seiten 26/27

Unterschiede

1 Wie groß ist der Unterschied? Markiere.

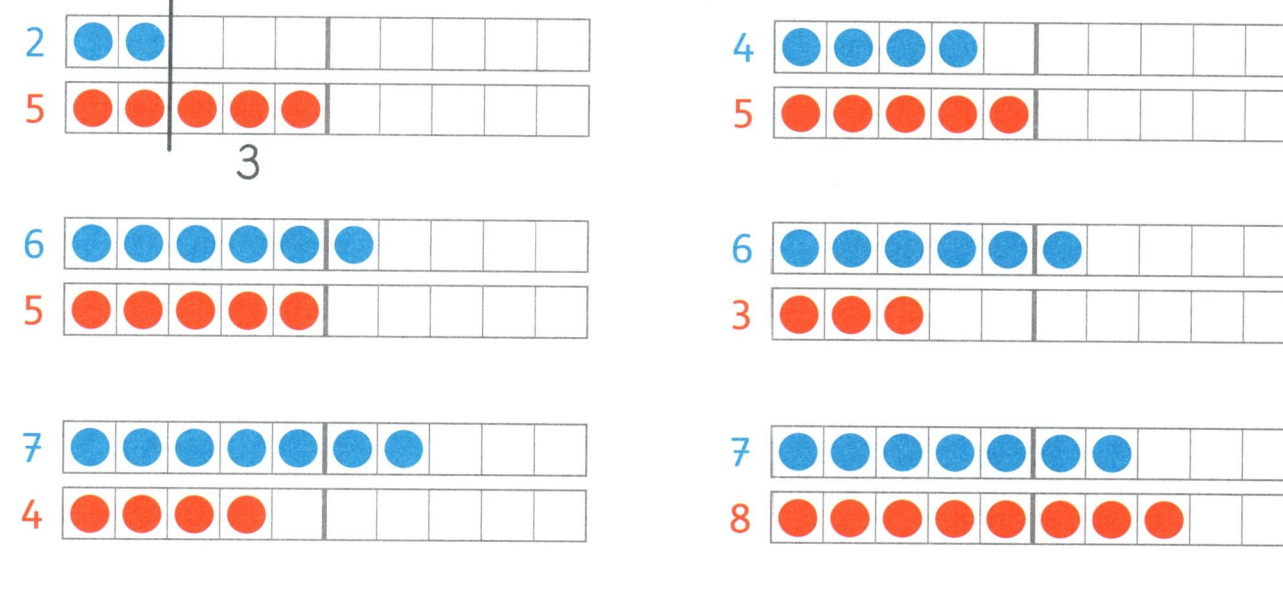

2 Wie groß ist der Unterschied? Markiere.

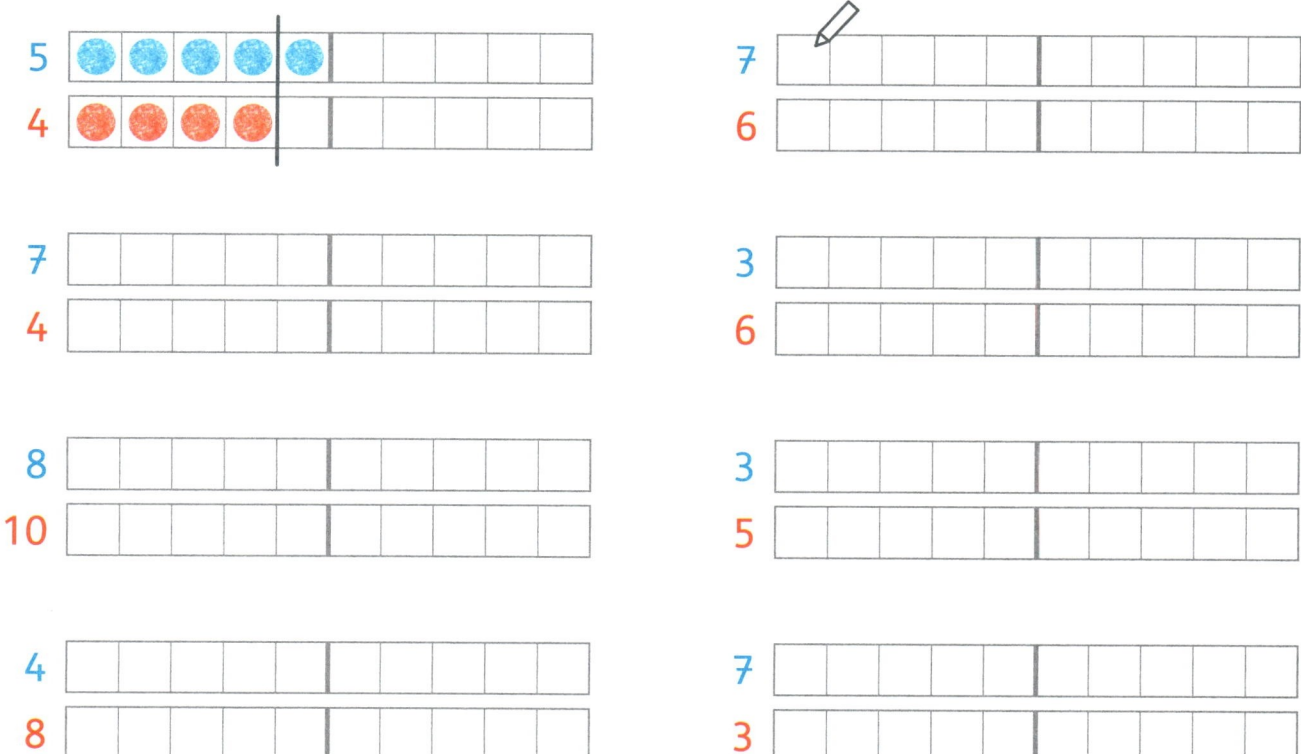

1 Anzahlen vergleichen, Unterschied einkreisen.   **2** Plättchenmengen einzeichnen, Unterschied markieren.

→ Schulbuch, Seiten 28/29

19

Würfeltürme

1 Immer 5 Würfel.

5	5	5	5

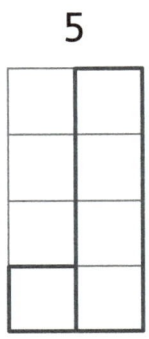 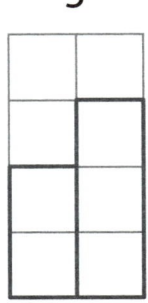 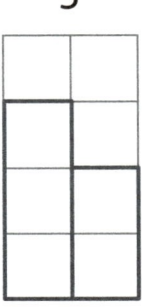 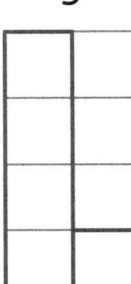

1 + 4   2 + ___   ___ + ___   ___ + ___

2 Immer 4 Würfel.

4	4	4	4	4

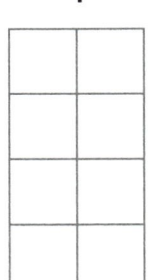 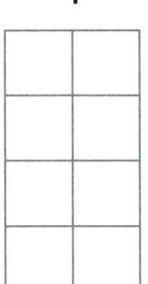  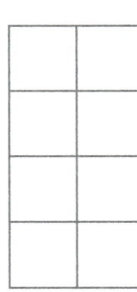 

___ + ___   ___ + ___   ___ + ___   ___ + ___   ___ + ___

3 Immer 1 mehr.

5	6	___	___

 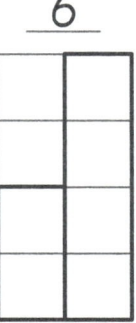 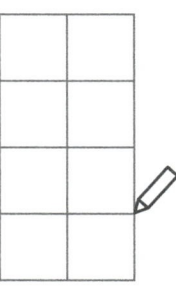 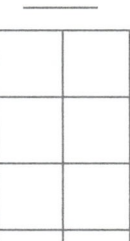

1 + 4   2 + ___   ___ + ___   ___ + ___

1 Aufgaben zu Würfeltürmen mit 5 Würfeln notieren **2** Würfeltürme mit 4 Würfeln finden. Aufgaben notieren.
3 Würfeltürme verändern. Aufgaben notieren.
→ Schulbuch, Seite 30

1 Immer 3. Was kommt häufig vor? Was selten?

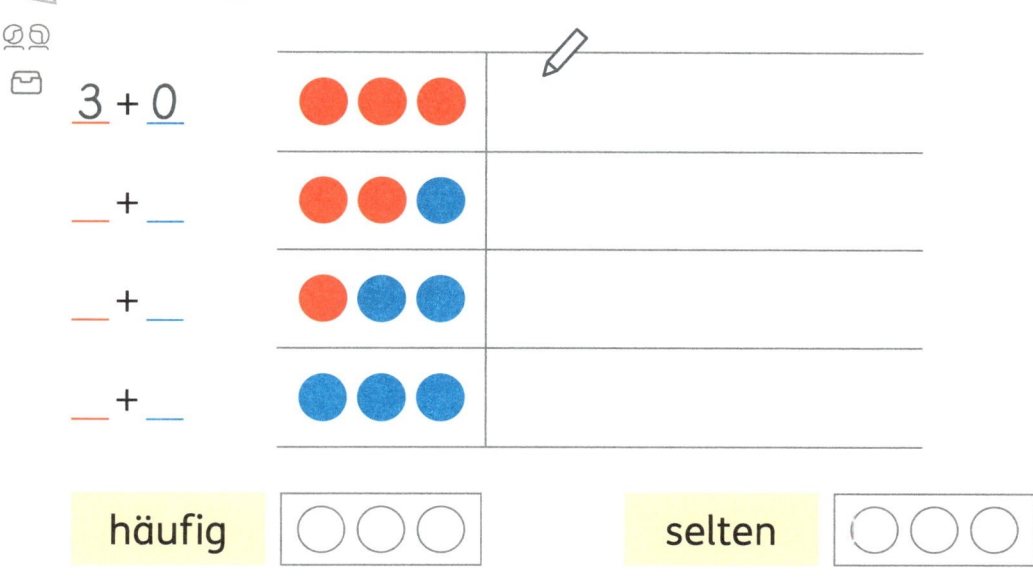

3 + 0

__ + __

__ + __

__ + __

häufig ◯◯◯   selten ◯◯◯

2 Immer 6. Was kommt häufig vor? Was selten?

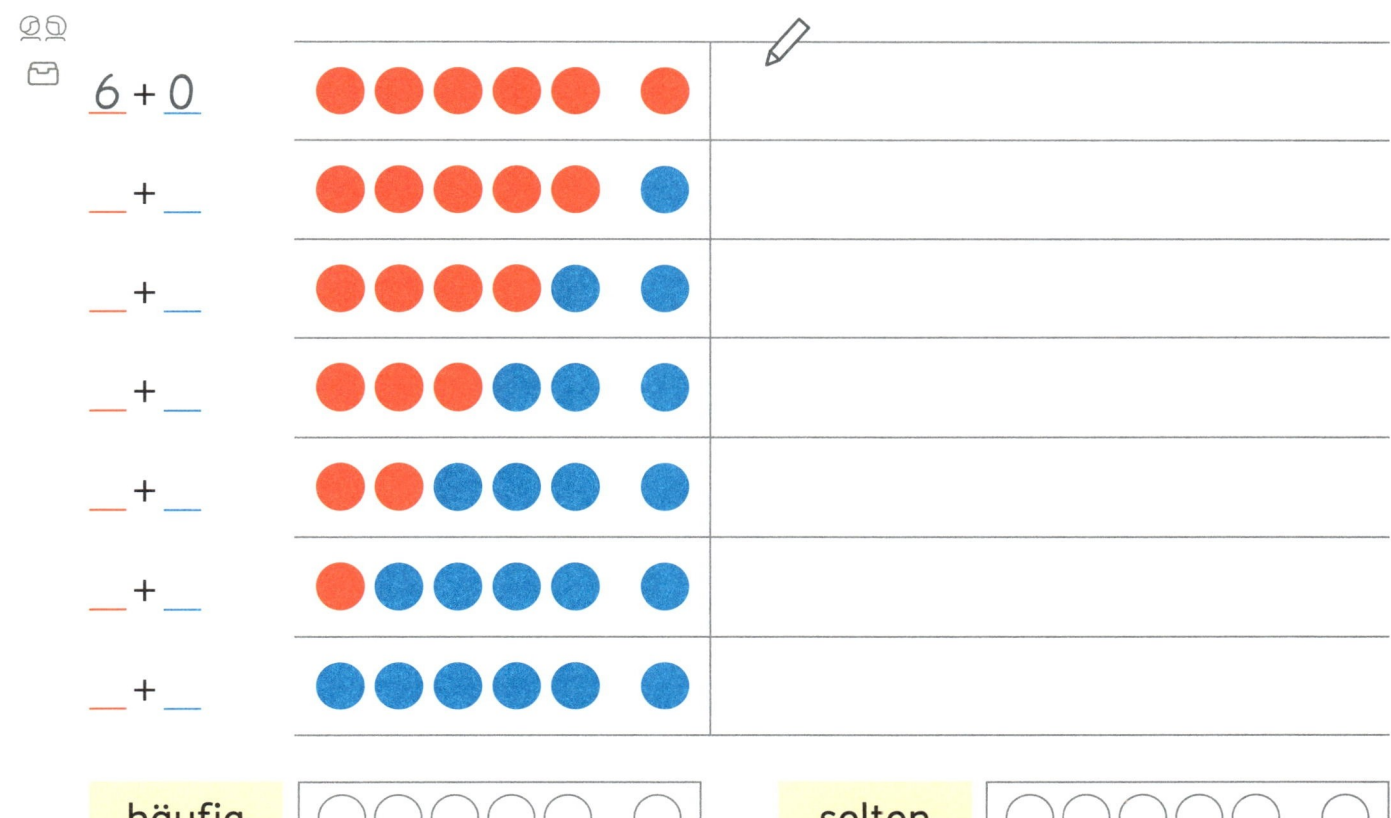

6 + 0

__ + __

__ + __

__ + __

__ + __

__ + __

__ + __

häufig ◯◯◯◯ ◯   selten ◯◯◯◯◯ ◯

1, 2 Plättchen werfen, Anzahlen der roten und blauen Plättchen nach einem Wurf mit 3 (6) Plättchen bestimmen, Strichlisten führen, Häufigkeiten überprüfen und vergleichen. Wurfmöglichkeit, die am häufigsten/am seltensten vorkommt, einzeichnen.

→ Schulbuch, Seite 31

1 Wie viele?

 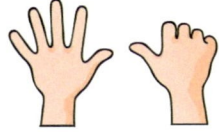 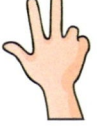 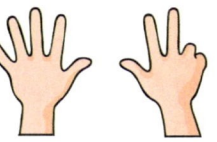

_____   _____   _____

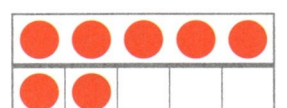  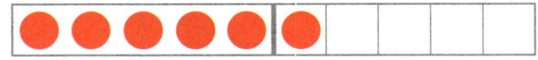

_____   _____   _____

2 Zahlen mit 5.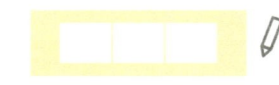

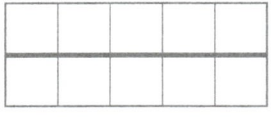   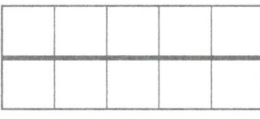   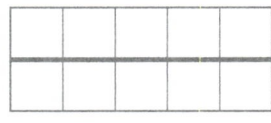

6   7   8

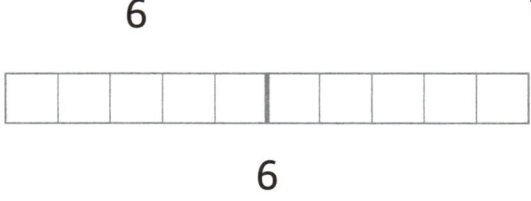

6   8

3 Setze fort.

4 Immer 5. Immer 10.

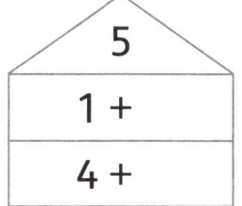 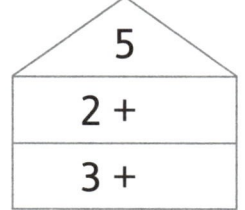 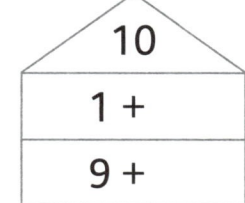 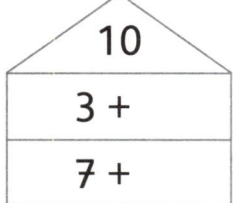

Wesentliche Inhalte des Kapitels noch einmal reflektieren, die eigenen Kompetenzen einschätzen.

→ Schulbuch, Seiten 32/33

Formen in der Umwelt

1 Welche Form siehst du? Verbinde.

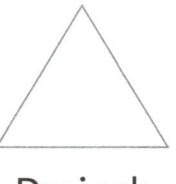
Dreieck

Quadrat

Rechteck

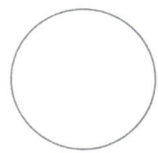
Kreis

2 Welche Form entsteht? Verbinde.

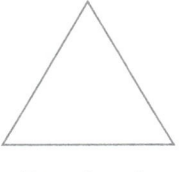
Dreieck

Quadrat

Rechteck

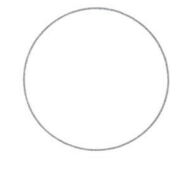
Kreis

1, 2 Formen den Fachbegriffen zuordnen.
→ Schulbuch, Seiten 34/35

1 Lege mit den Formen. Zeichne.

2 Nimm vier , zwei ⬛ und zwei ▬.
Lege und zeichne.

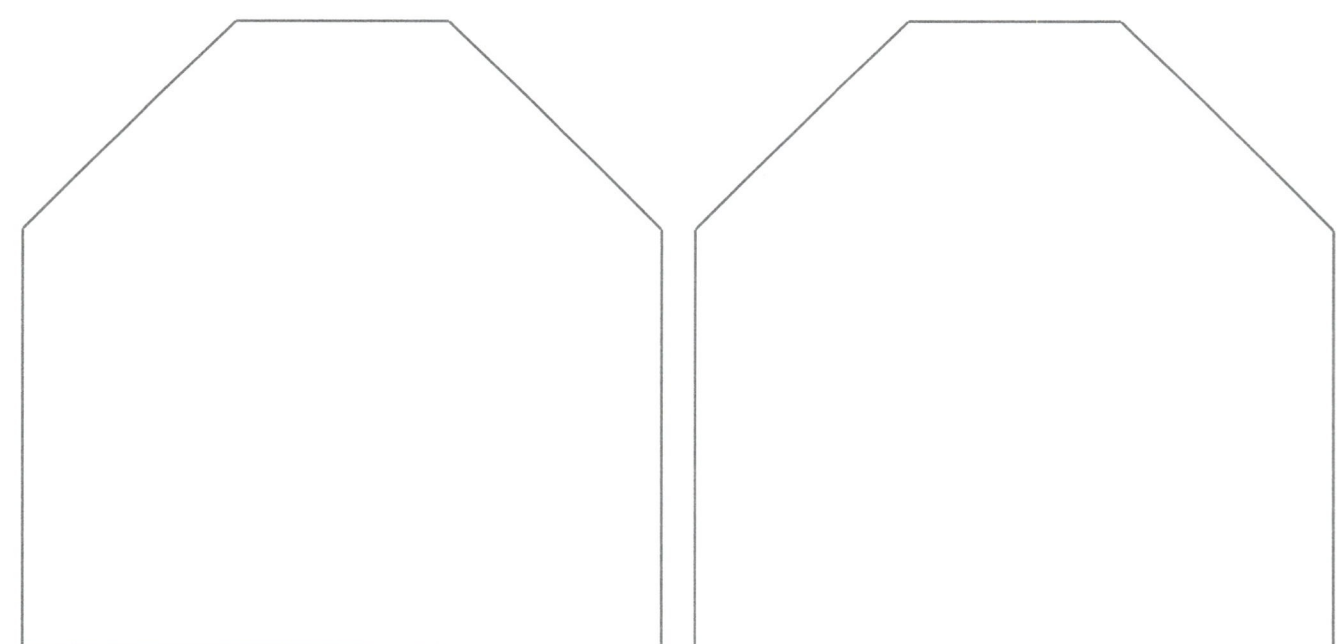

1, 2 Vorgegebene Figuren mit Legematerial auslegen (Beilage). Zwei verschiedene Möglichkeiten des Auslegens finden.
Lösungen in Umrissfigur direkt einzeichnen.
→ Schulbuch, Seiten 36/37

Zahlen bis 20

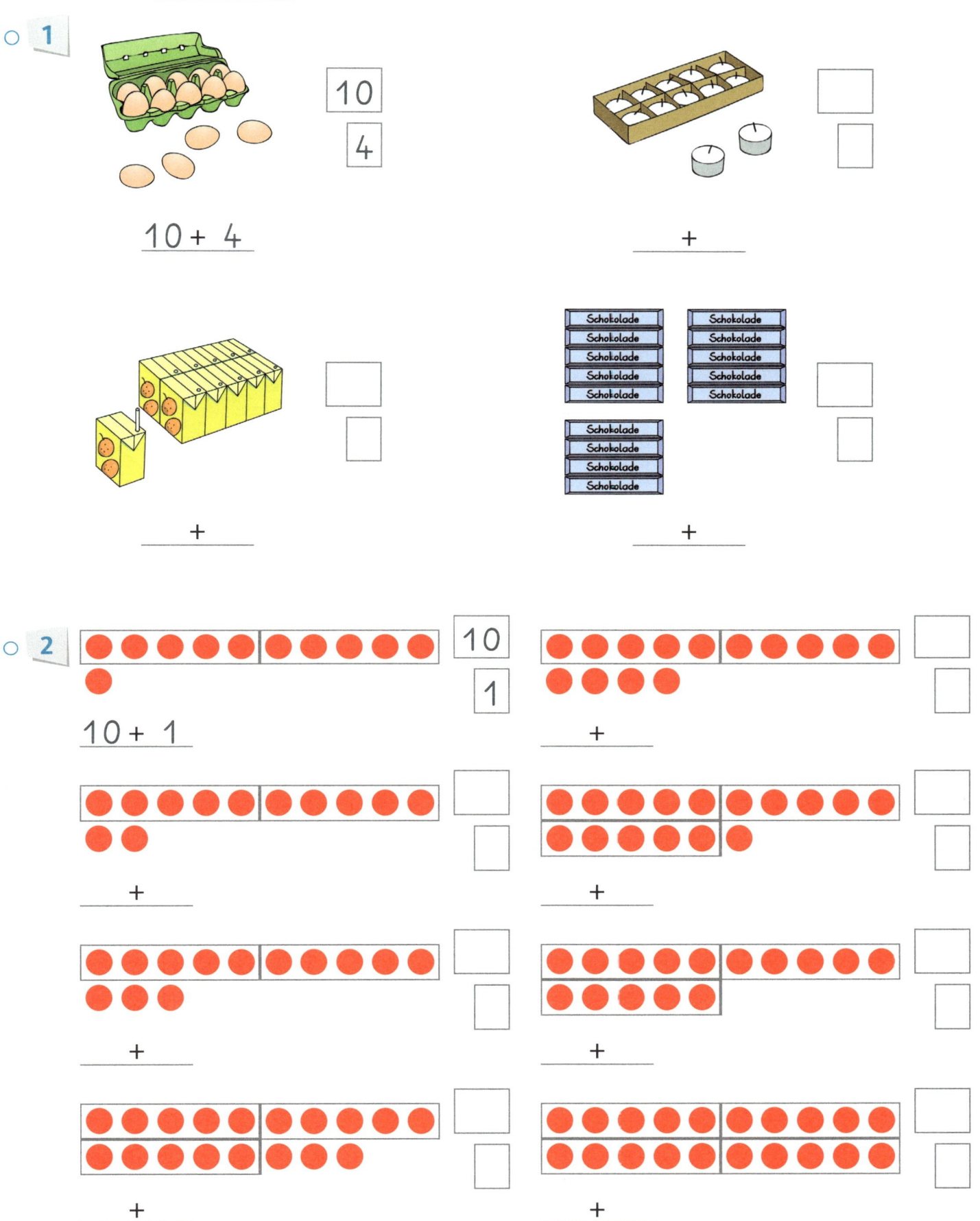

1

10
4

10 + 4

＿＿＿ + ＿＿＿

＿＿＿ + ＿＿＿

＿＿＿ + ＿＿＿

2

10
1

10 + 1

＿＿＿ + ＿＿＿

＿＿＿ + ＿＿＿

＿＿＿ + ＿＿＿

＿＿＿ + ＿＿＿

＿＿＿ + ＿＿＿

＿＿＿ + ＿＿＿

1

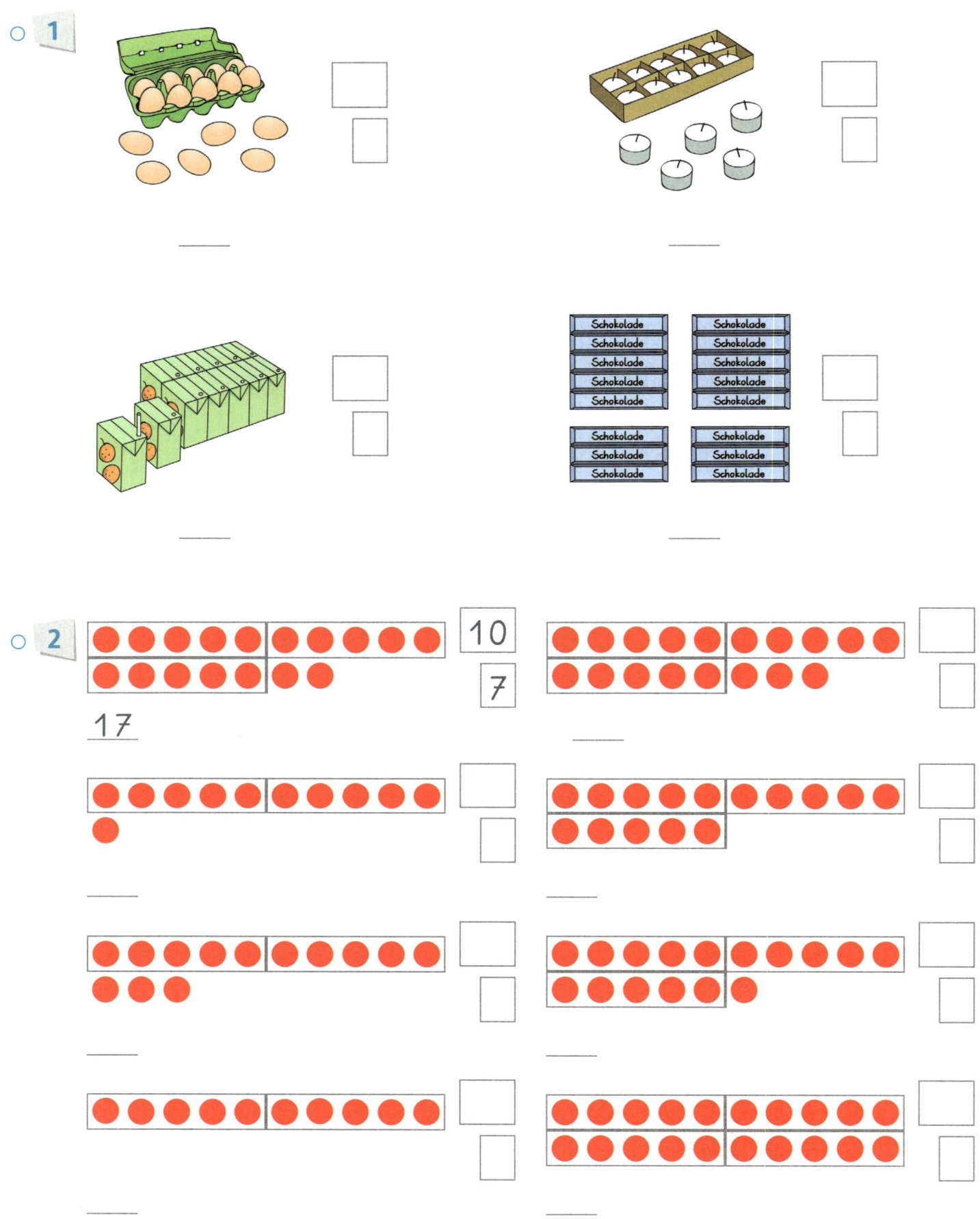

2

10
7

17

1, 2 Mithilfe der Zehnerstruktur Anzahl bestimmen und als Zahl aufschreiben.

→ Schulbuch, Seiten 38/39

Das Zwanzigerfeld

1 Wie viele sind es?

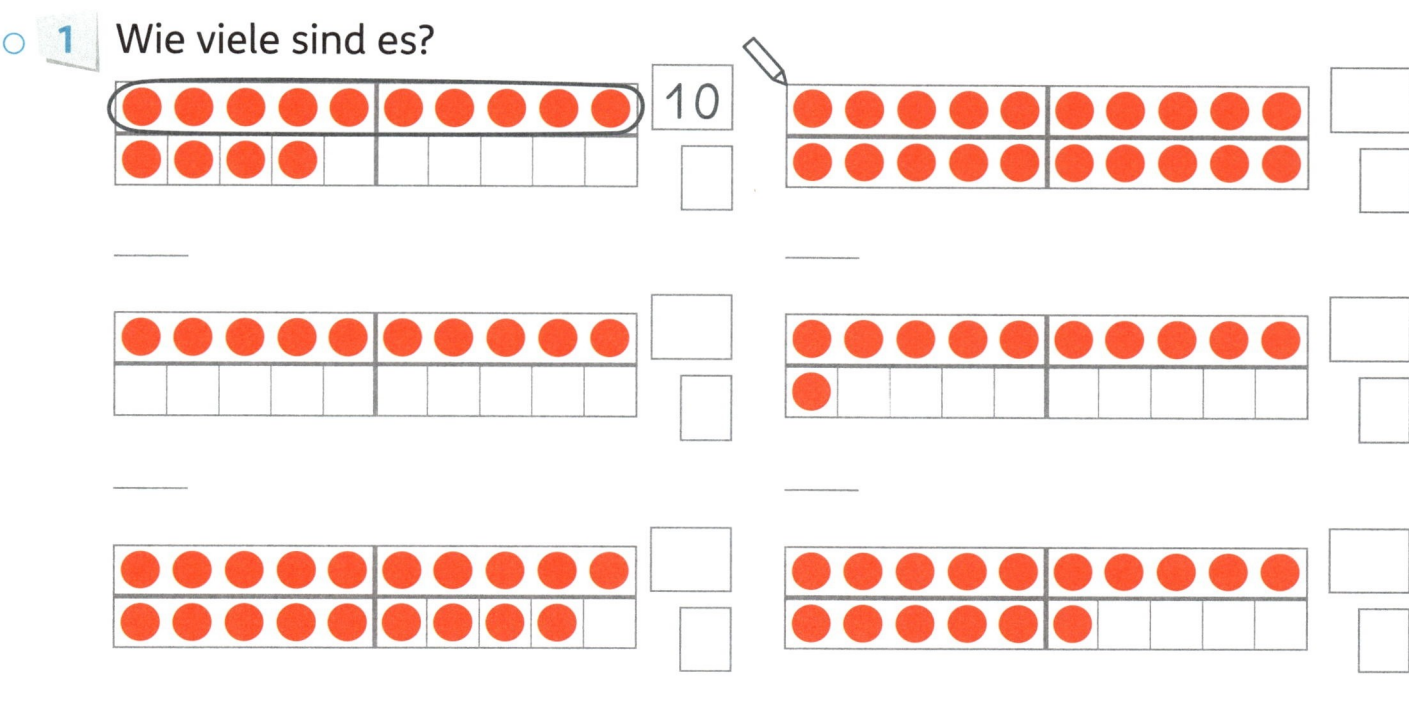

2 Wie viele? Zeichne.

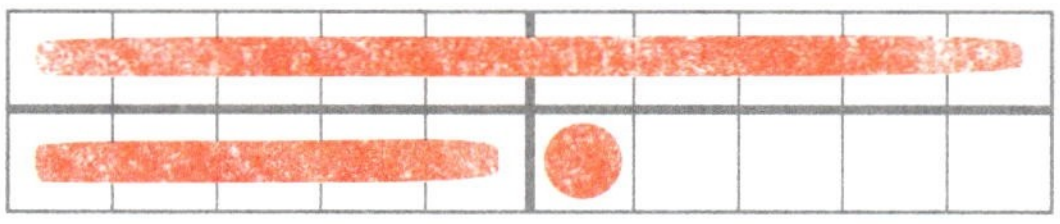

| | 10 |
| | 6 |

16

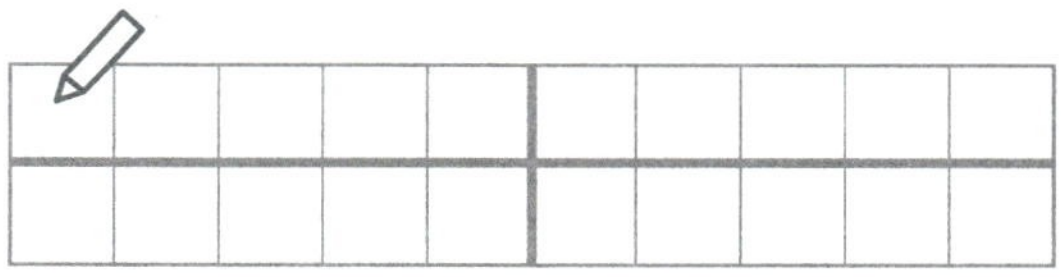

| | 10 |
| | 3 |

| | 10 |
| | 7 |

| | 10 |
| | 9 |

| | 10 |
| | 2 |

| | 10 |
| | 0 |

| | 10 |
| | 8 |

| | 10 |
| | 4 |

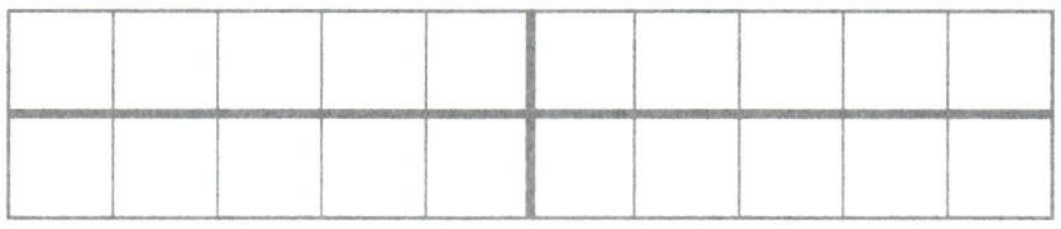

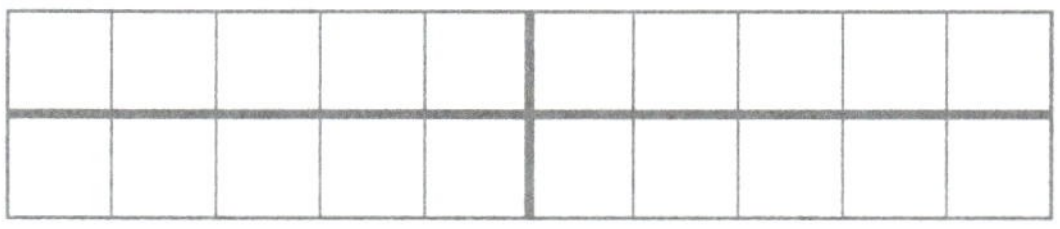

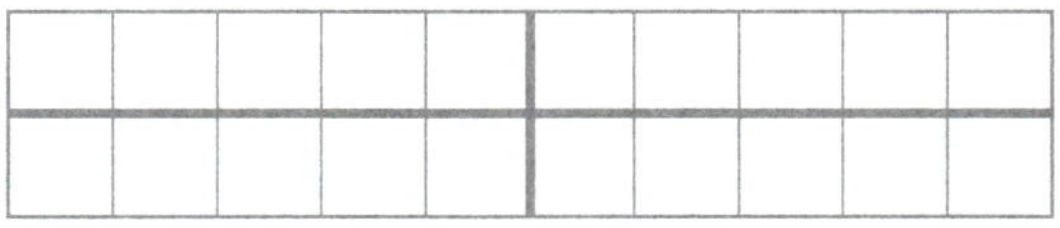

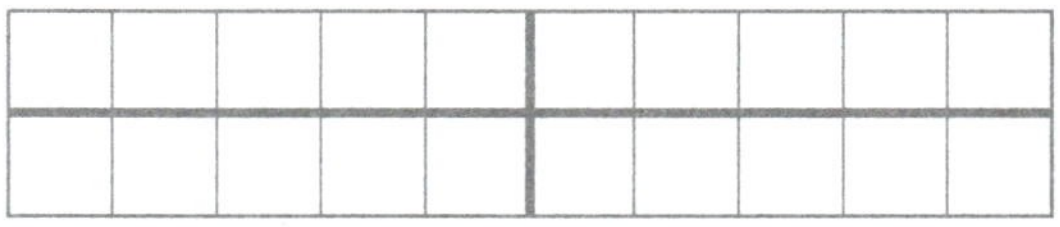

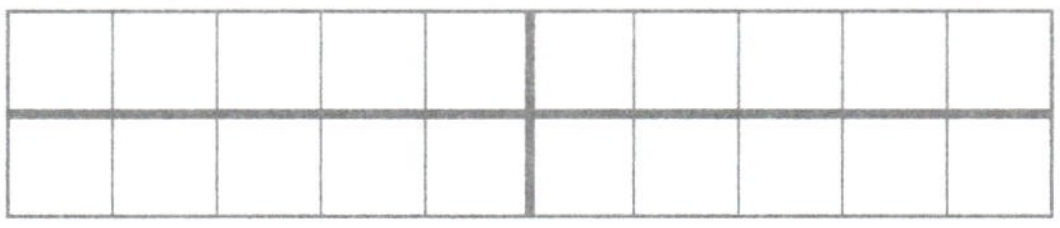

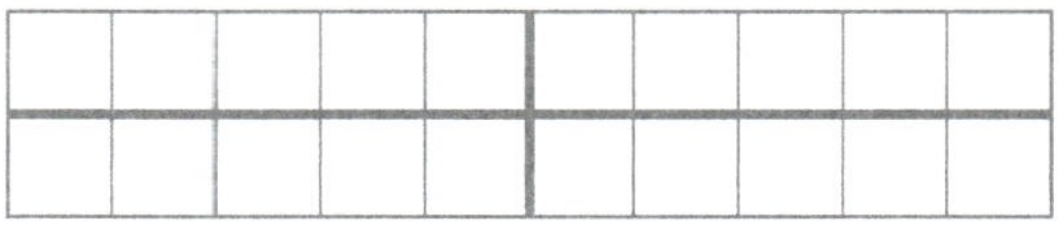

Immer 10 – immer 20

1 Immer 10.

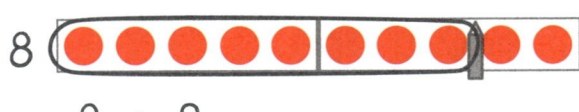

8 + 2 ___

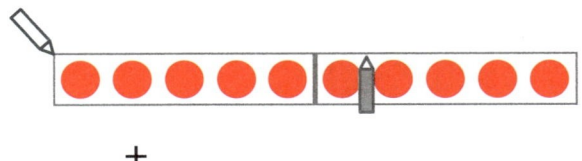

___ + ___

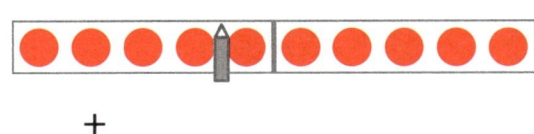

___ + ___

Immer 20.

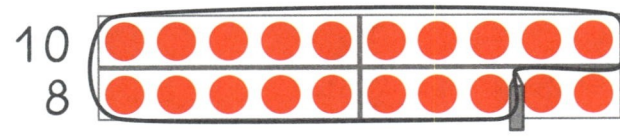

18 + ___

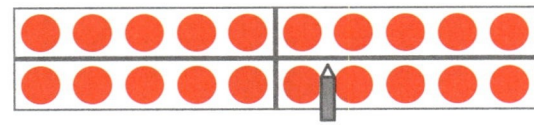

___ + ___

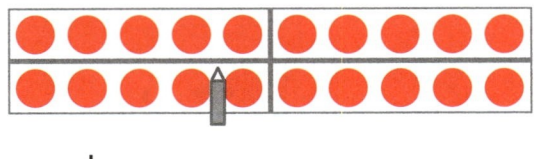

___ + ___

2 Immer 20. Vergleiche.

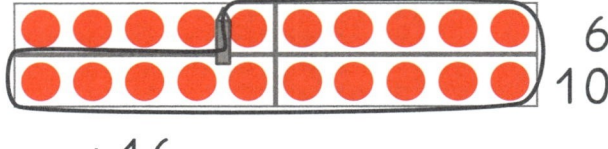

6
10

___ + 16

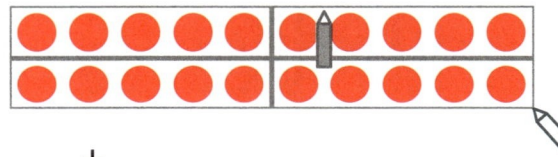

___ + ___

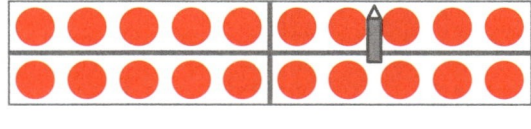

___ + ___

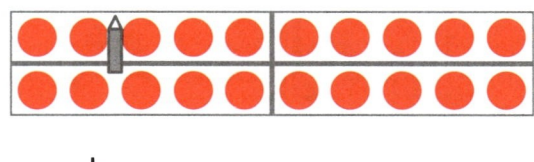

___ + ___

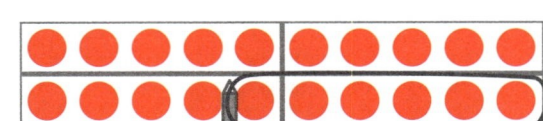

___ + ___

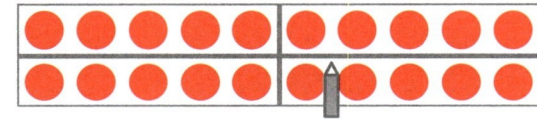

___ + ___

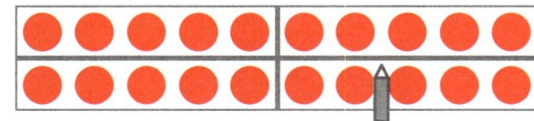

___ + ___

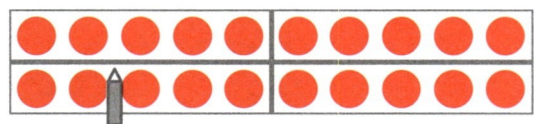

___ + ___

28

1, 2 Zu den Zerlegungen die passenden Aufgaben aufschreiben. Zehneranalogien beachten. Strukturen im Zwanzigerfeld nutzen, um Anzahlen schnell zu bestimmen.

→ Schulbuch, Seiten 42/43

Zahlen vergleichen

1 Vergleiche. < oder > oder =?

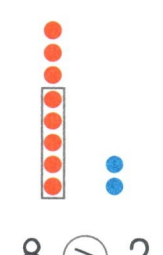 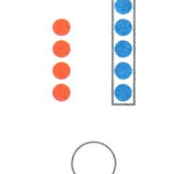 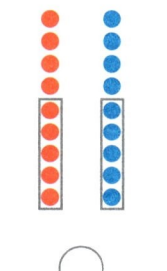 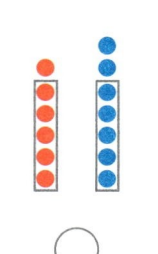 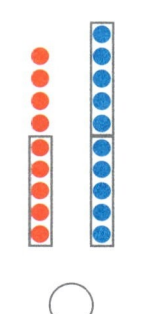

8 ⊙ 2   ___ ○ ___   ___ ○ ___   ___ ○ ___   ___ ○ ___

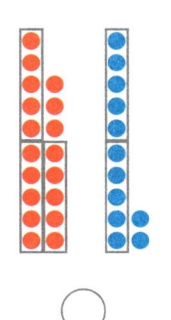 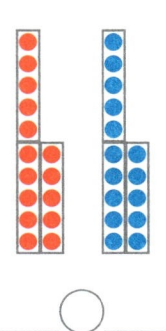 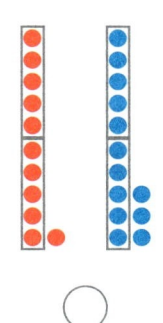 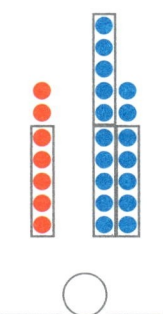 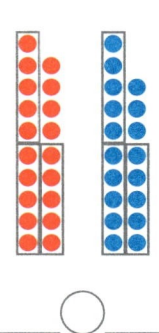

___ ○ ___   ___ ○ ___   ___ ○ ___   ___ ○ ___   ___ ○ ___

2 Vergleiche. < oder > oder =?

2 ○ 3	5 ○ 3	7 ○ 5	9 ○ 10
2 ○ 4	5 ○ 4	5 ○ 5	11 ○ 10
2 ○ 5	5 ○ 6	0 ○ 5	10 ○ 10
10 ○ 10	12 ○ 15	20 ○ 11	18 ○ 8
10 ○ 20	17 ○ 15	20 ○ 20	7 ○ 17
10 ○ 15	18 ○ 15	20 ○ 19	20 ○ 2

Die Zwanzigerreihe

→ Schulbuch, Seiten 46/47

1
1   ②2   6   8   11   14   17   18

●●●● ⑤5 ●●●● ⑩10 ●●●● ⑮15 ●●●● ⑳20

1   4   7   9   13   16   19

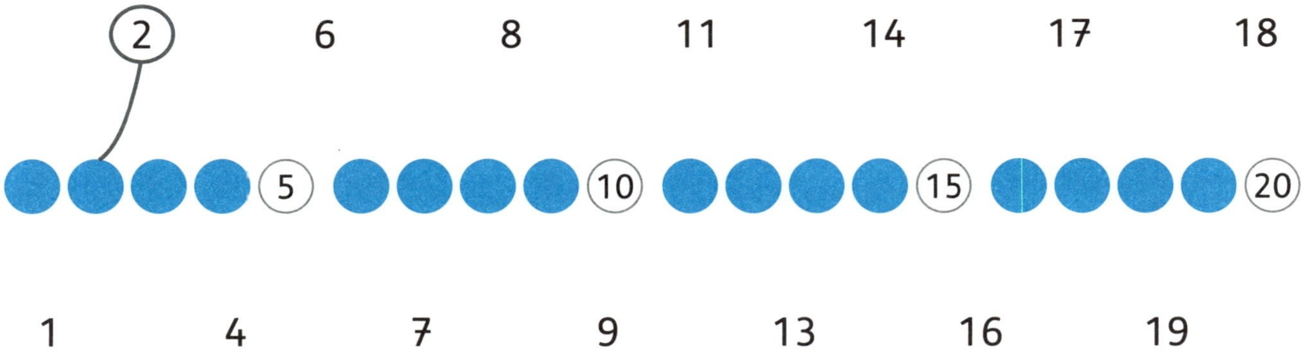

2
④4   ○   ○   ○   ○

●●●● ⑤5 ●●●● ⑩10 ●●●●●●●●●●

○   ○   ○   ○   ○   ○

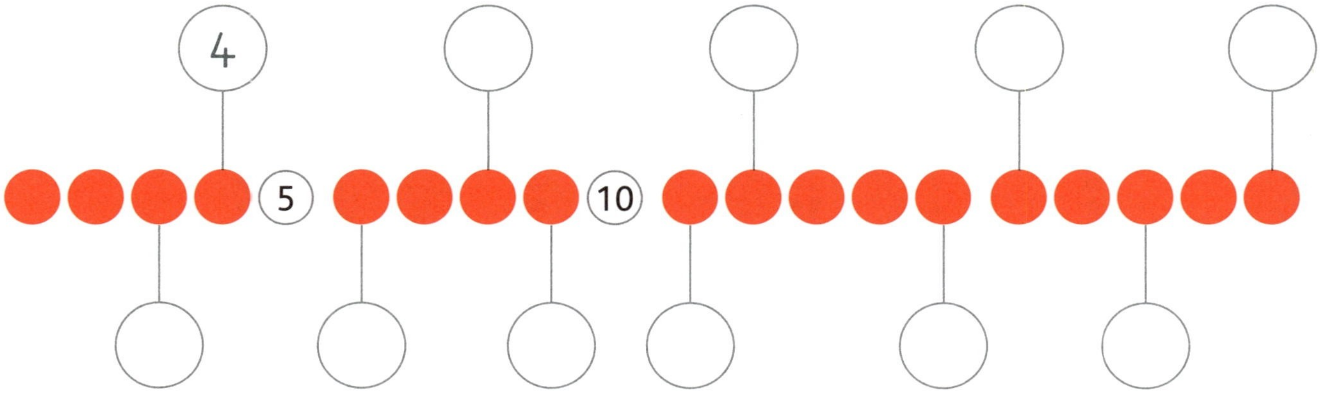

3

| 1 | ○ | 3 | ○ | ○ | | ○ | ○ | 4 | ○ | ○ |
| 11 | ○ | 13 | ○ | ○ | | ○ | ○ | 14 | ○ | ○ |

| 6 | 7 | ○ | ○ | ○ | | ○ | ○ | 2 | ○ | ○ |
| 16 | ○ | ○ | ○ | ○ | | ○ | ○ | 12 | ○ | ○ |

| ○ | 5 | ○ | ○ | ○ | | ○ | ○ | 7 | ○ | ○ |
| ○ | 15 | ○ | ○ | ○ | | ○ | ○ | 17 | ○ | ○ |

1, 2 Zahlen den richtigen Plätzen in der Reihe zuordnen.   **3** Ausschnitte aus der Zahlenreihe vervollständigen, ggf. ausgefüllte Zahlenreihe zur Orientierung anbieten.

→ Schulbuch, Seiten 46/47

Immer der Reihe nach

1

Kasse	
Erwachsene	10 €
Kinder	5 €

Zirkus-Kasse

6. ☐ ☐ ☐ ☐ ☐ ☐

2

☐ 1. ☐ ☐ ☐

3

1. ☐ ☐ ☐ ☐

1–3 Situationen nachvollziehen und mithilfe der Ordnungszahlen in die richtige Reihenfolge bringen.

→ Schulbuch, Seite 50

31

Forschen und Finden: Rot gegen Blau

1 12 gewinnt. Lege ◯ oder ◯◯. Wer gewinnt? Kreuze an.

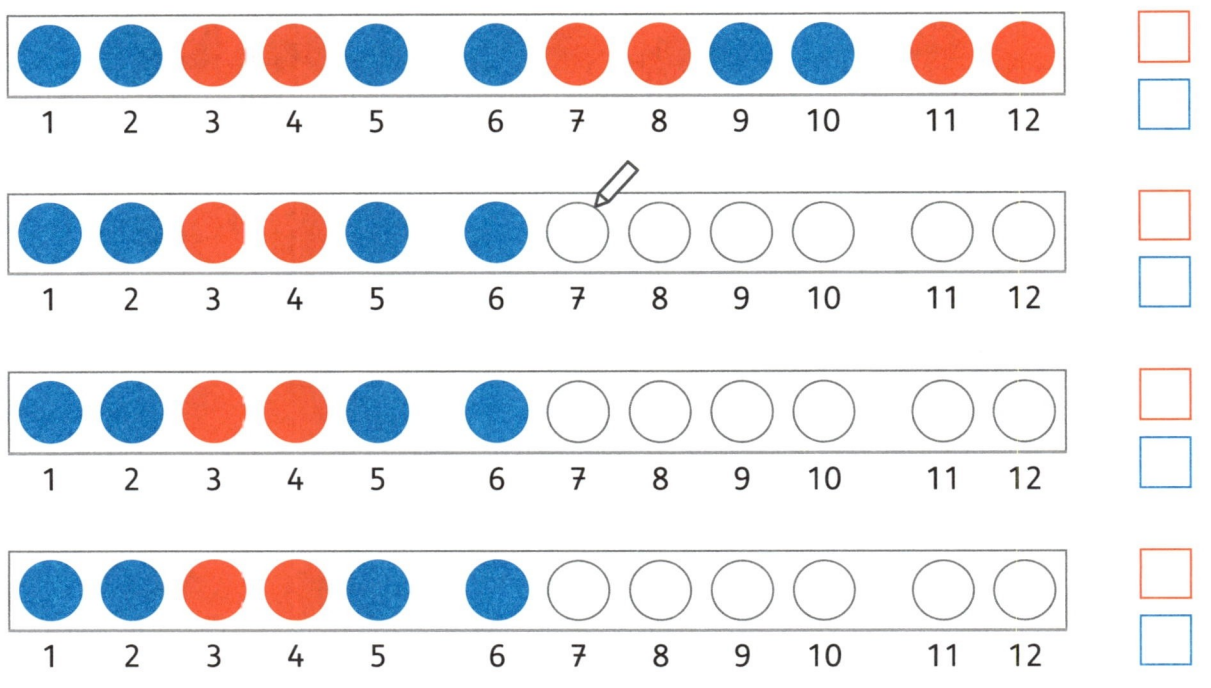

2 Rot gewinnt. Lege ◯ oder ◯◯ und zeichne.

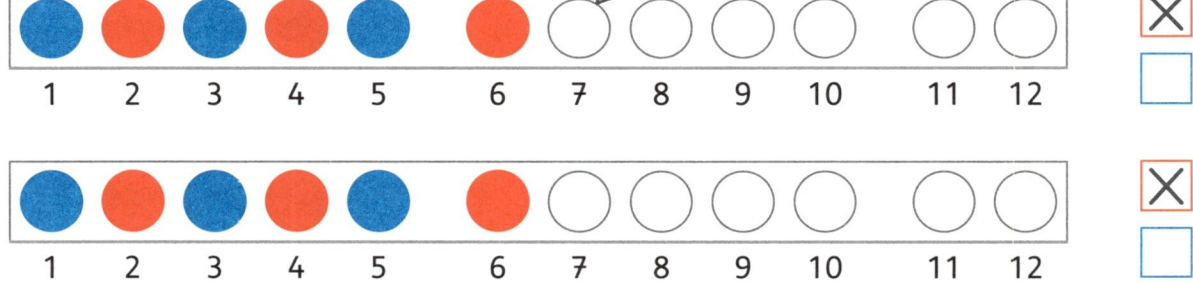

3 Blau gewinnt. Lege ◯ oder ◯◯ und zeichne.

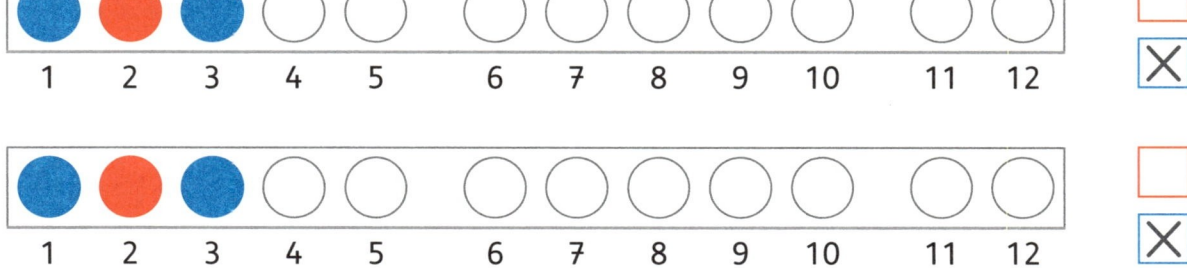

32

Rot gegen Blau (NIM-Spiel): mit allen Kindern spielen, anschließend in Partnerarbeit erkunden. **1–3** Mögliche Spielzüge notieren und vergleichen. Gewinnfelder reflektieren.

→ Schulbuch, Seite 51

1 Wie viele?

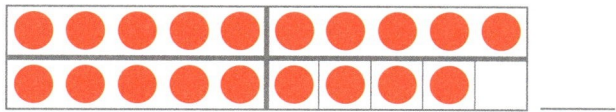

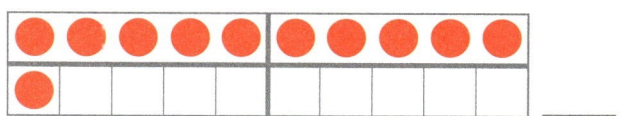

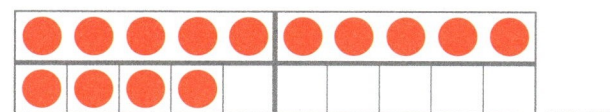

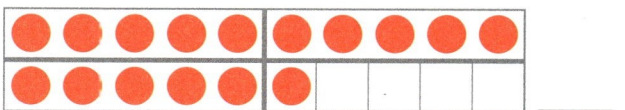

2 Zerlege.

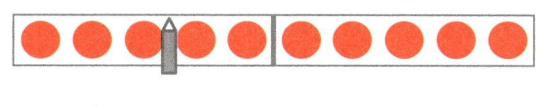

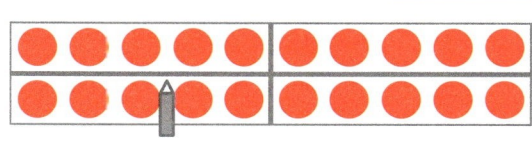

___ + ___

___ + ___

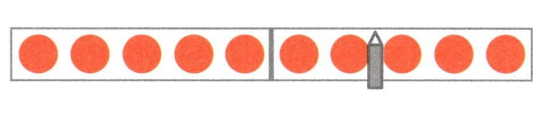

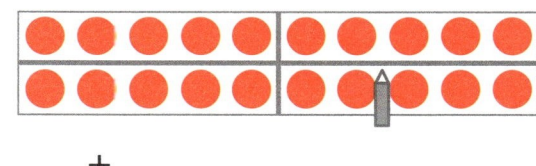

___ + ___

___ + ___

3 Vergleiche. < oder > oder =?

7 ◯ 6   14 ◯ 7   8 ◯ 5   10 ◯ 5   3 ◯ 0

7 ◯ 8   14 ◯ 17   5 ◯ 5   15 ◯ 5   3 ◯ 3

4 Trage die Zahlen ein.

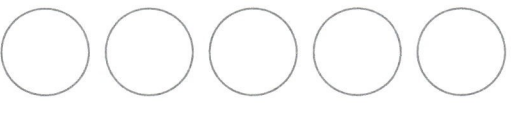

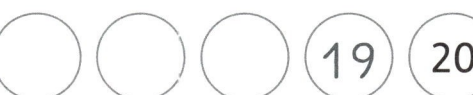

Wesentliche Inhalte des Kapitels noch einmal reflektieren, die eigenen Kompetenzen einschätzen.

Münzen und Scheine

1 Was fehlt hier? Trage ein.

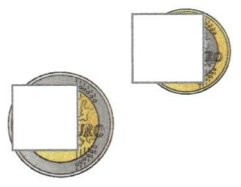   

2 Wie viel Euro sind es?

_____ Euro

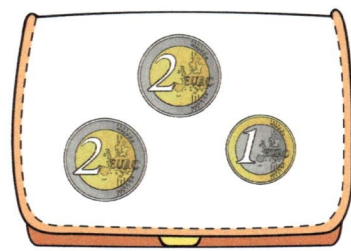

_____ Euro

_____ Euro

_____ Euro

_____ Euro

_____ Euro

3 Lege mit Münzen und Scheinen.

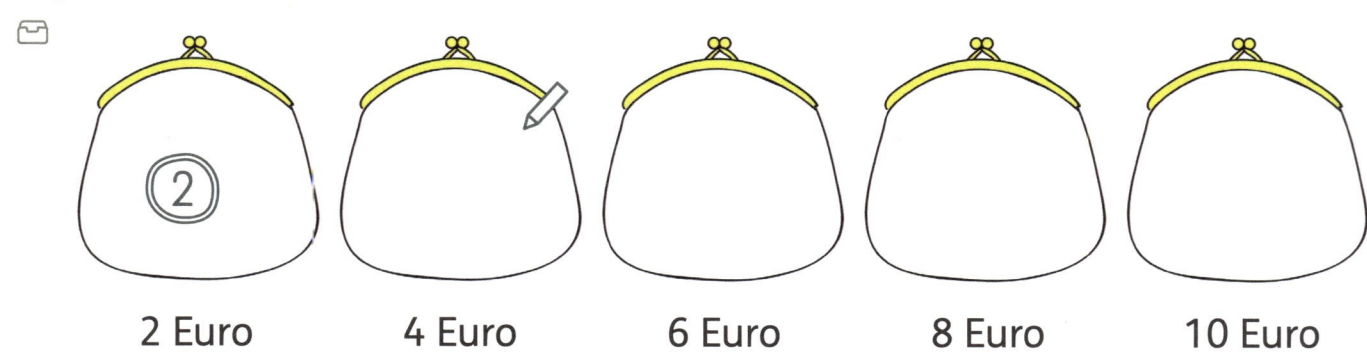

2 Euro   4 Euro   6 Euro   8 Euro   10 Euro

1 Münzen und Scheine erkennen und Wert eintragen.   **2** Geldbeträge bestimmen.   **3** Angegebene Beträge mit Scheinen und Münzen legen.
→ Schulbuch, Seiten 54/55

Rechengeschichten

1 **Was passiert?**

_7_    _3_ dazu   ____

____   ____ weg   ____

____   ____ weg   ____

____   ____ dazu   ____

2 **Meine Rechengeschichte.**

____   _____   _____

1 Zu den Bildern erzählen. Anzahlen notieren.   **2** Eigene Plus- oder Minusgeschichten erfinden, dazu zeichnen und erzählen.
→ Schulbuch, Seiten 56/57

1 Findet Plusaufgaben. Erzählt. Was passiert?

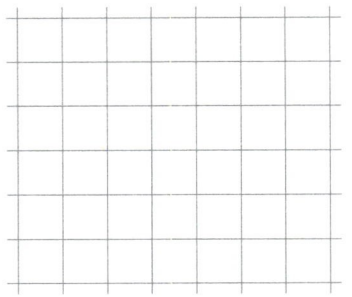

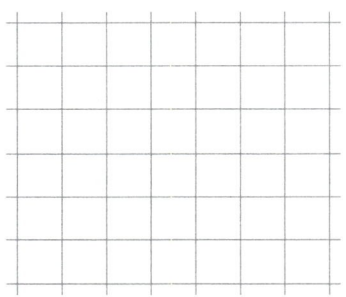

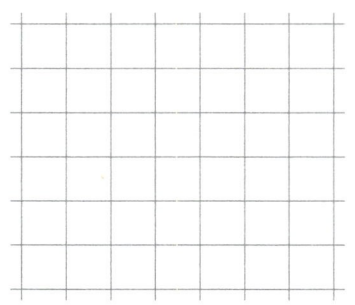

1 Mehrere passende Plusaufgaben notieren. Die Aufgaben können in den Bildern eingekreist werden.

→ Schulbuch, Seiten 58/59

Plusaufgaben in der Umwelt

1

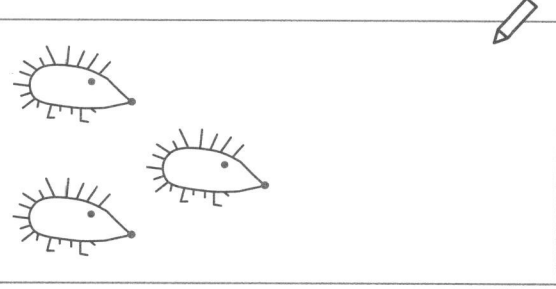

$3 + 3 =$

$2 + 2 =$

$4 + 3 =$

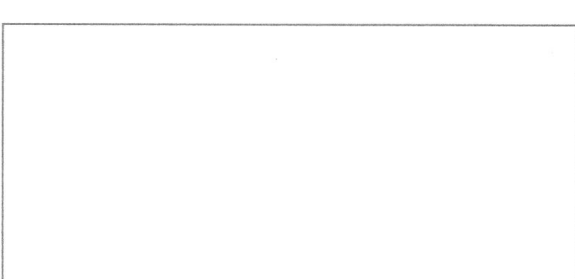

$1 + 3 =$

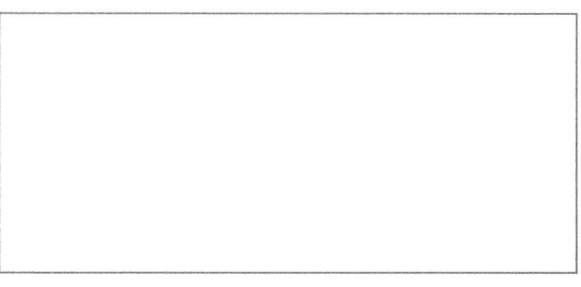

$5 + 2 =$

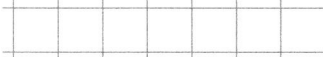

2 Diese Aufgaben kann ich schon:

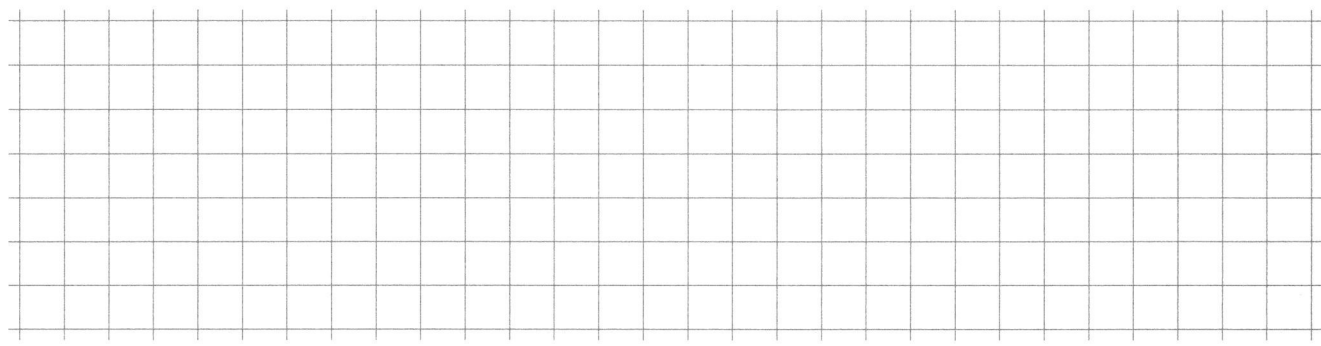

1 Bilder zu den Aufgaben zeichnen, das erste Bild fertig zeichnen.   **2** Die Kinder schreiben Plusaufgaben, die sie bereits kennen, Lehrperson erhält Rückmeldung über die Vorkenntnisse der Kinder.

→ Schulbuch, Seiten 58/59

1 Welche Aufgaben passen zum Bild? Verbinde.

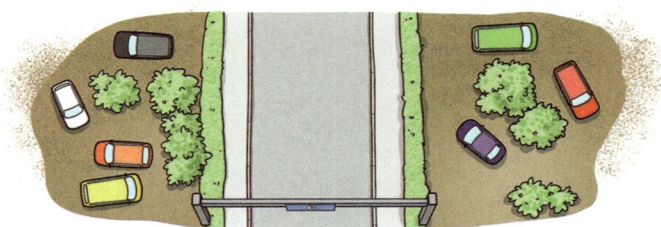

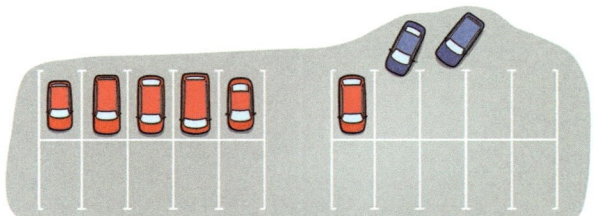

5 + 5

4 + 3

2 + 8

6 + 2

3 + 1 + 3

5 + 1 + 2

2 Welche Aufgabe passt zum Bild? Verbinde und rechne.

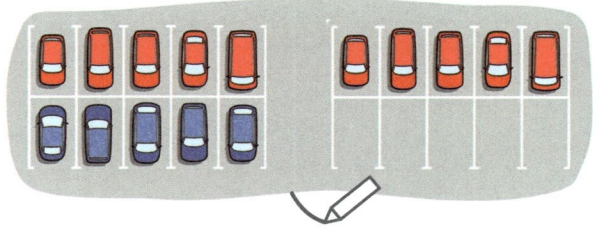

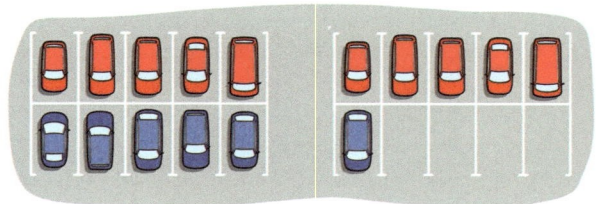

10 + 7 = ___   10 + 5 = ___   10 + 6 = ___   10 + 8 = ___

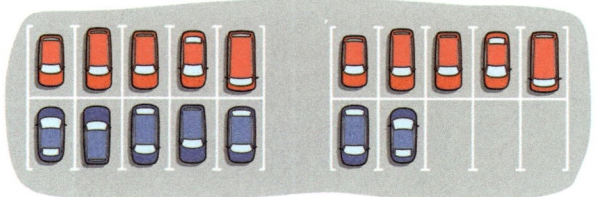

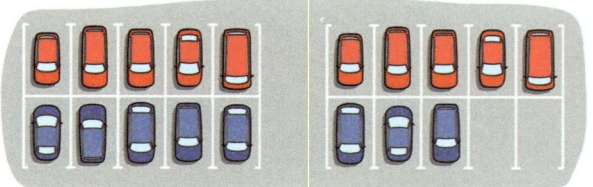

1, 2 Passende Plusaufgaben finden. Bei Aufgabe 2 kann das Muster besprochen werden.
→ Schulbuch, Seiten 60/61

1

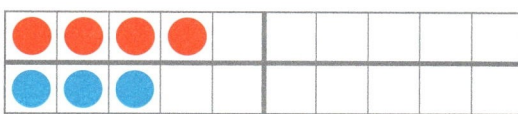

_____ + _____ = _____

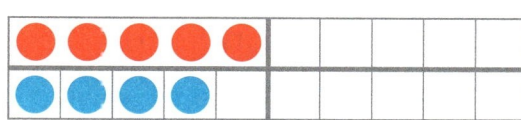

_____ + _____ = _____

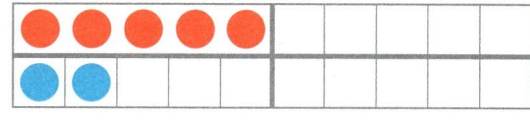

_____ + _____ = _____

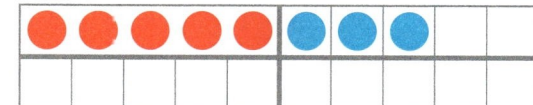

_____ + _____ = _____

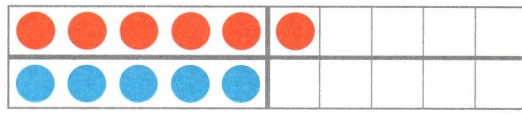

_____ + _____ = _____

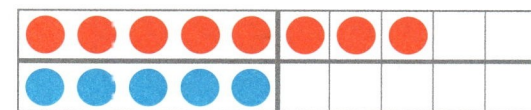

_____ + _____ = _____

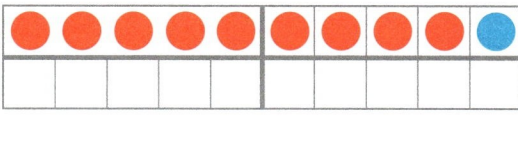

_____ + _____ = _____

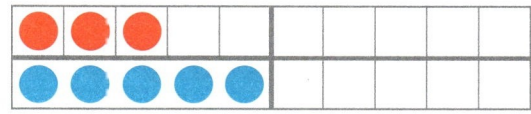

_____ + _____ = _____

2

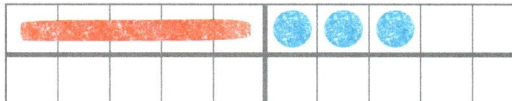

5 + 3 = _____

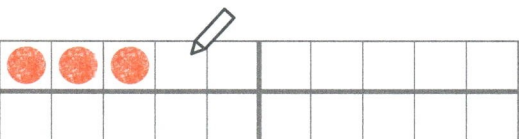

3 + 4 = _____

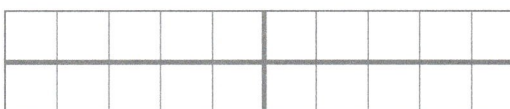

7 + 3 = _____

2 + 3 = _____

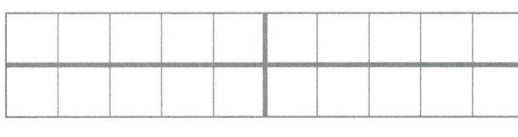

_____ + _____ = _____

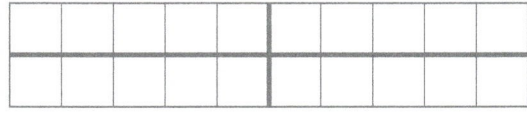

_____ + _____ = _____

1, 2 Plusaufgaben im Zwanzigerfeld erkennen, darstellen und rechnen.
→ Schulbuch, Seite 62

Plusaufgaben am Zwanzigerfeld

1 Finde Aufgabe und Tauschaufgabe.

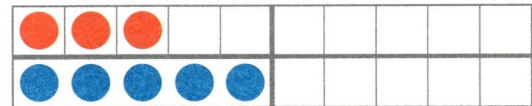

3 + 5 = 8

5 + 3 = ___

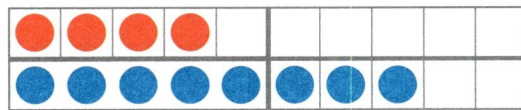

___ + ___ = ___

___ + ___ = ___

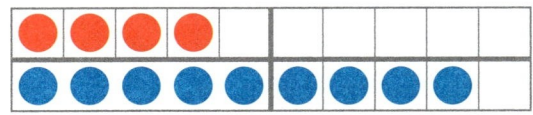

___ + ___ = ___

___ + ___ = ___

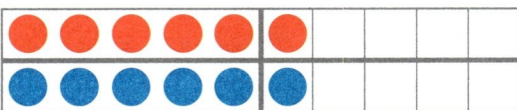

___ + ___ = ___

___ + ___ = ___

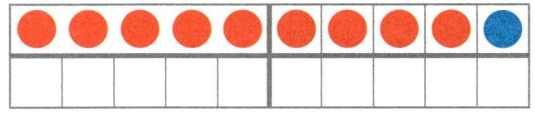

___ + ___ = ___

___ + ___ = ___

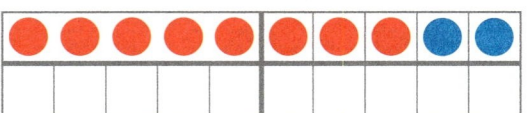

___ + ___ = ___

___ + ___ = ___

2 Welche Aufgabe findest du einfacher? Kreuze an.

2 + 7 = 9

X 7 + 2 = 9

5 + 2 = ___

2 + 5 = ___

8 + 1 = ___

1 + 8 = ___

18 + 1 = ___

1 + 18 = ___

1 + 6 = ___

6 + 1 = ___

2 + 4 = ___

4 + 2 = ___

6 + 3 = ___

3 + 6 = ___

7 + 10 = ___

10 + 7 = ___

10 + 6 = ___

6 + 10 = ___

15 + 2 = ___

2 + 15 = ___

13 + 4 = ___

4 + 13 = ___

1 + 9 = ___

9 + 1 = ___

1 Aufgabe und Tauschaufgabe zu den Abbildungen finden und miteinander vergleichen. **2** Erkennen, dass eine Aufgabe einfacher ist, wenn der 1. Summand der größere ist.

→ Schulbuch, Seite 63

Verdoppeln

1 Verdoppeln. Zeige und rechne geschickt.

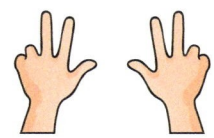   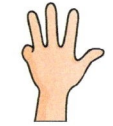   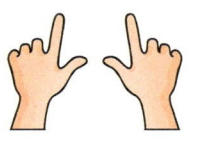

3 + 3 = 6   ___ + ___ = ___   ___ + ___ = ___

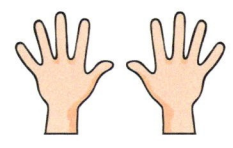   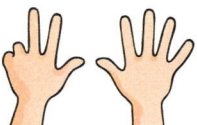   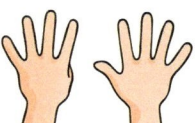

___ + ___ = ___   ___ + ___ = ___   ___ + ___ = ___

2 Zeichne und rechne .

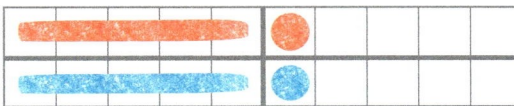

6 + 6 = ___

4 + 4 = ___

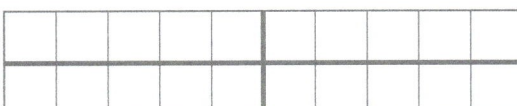

7 + 7 = ___

9 + 9 = ___

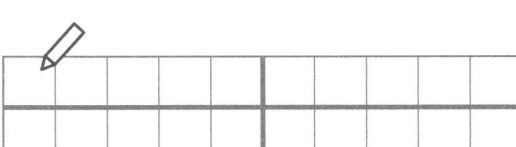

5 + 5 = ___

3 + 3 = ___

8 + 8 = ___

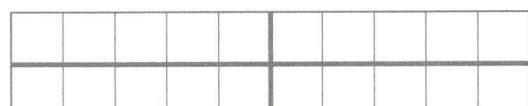

10 + 10 = ___

1 Verdopplungsaufgaben mit den Händen zeigen. Anzahl geschickt ermitteln, Kraft der 5 nutzen. **2** Verdopplungsaufgaben untereinander zeichnen, Ergebnis mithilfe der Doppelfünf (10) berechnen (ggf. einkreisen lassen).

→ Schulbuch, Seiten 64/65

41

Einfache Plusaufgaben

1 Einfach legen – einfach rechnen *mit 10*.

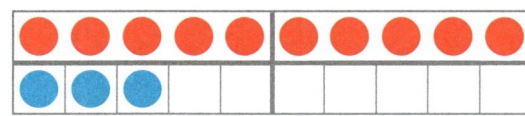

$$10 + 3 = 13$$

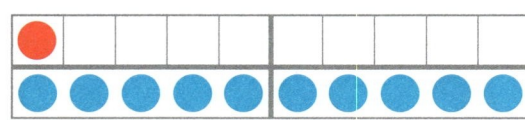

____ + ____ = ____

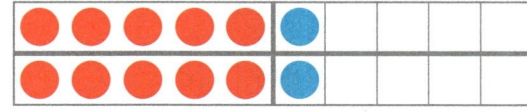

____ + ____ = ____

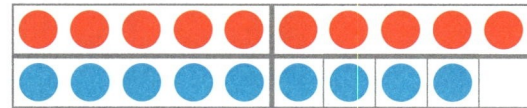

____ + ____ = ____

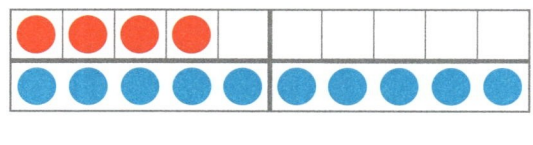

____ + ____ = ____

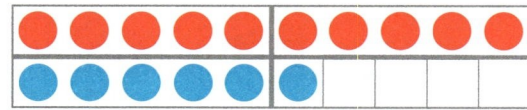

____ + ____ = ____

2 Zeichne und rechne *mit 10*.

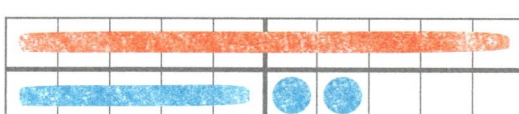

$$10 + 7 = \underline{\hspace{1cm}}$$

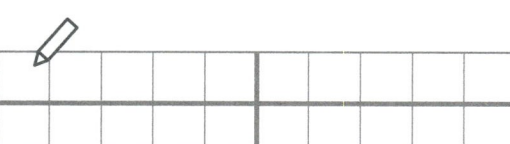

$$10 + 9 = \underline{\hspace{1cm}}$$

$$2 + 10 = \underline{\hspace{1cm}}$$

$$4 + 10 = \underline{\hspace{1cm}}$$

$$10 + 5 = \underline{\hspace{1cm}}$$

$$10 + 8 = \underline{\hspace{1cm}}$$

3

$$10 + 2 = \underline{\hspace{0.8cm}} \qquad 10 + 4 = \underline{\hspace{0.8cm}} \qquad 1 + 10 = \underline{\hspace{0.8cm}} \qquad 9 + 10 = \underline{\hspace{0.8cm}}$$

$$10 + 3 = \underline{\hspace{0.8cm}} \qquad 10 + 6 = \underline{\hspace{0.8cm}} \qquad 3 + 10 = \underline{\hspace{0.8cm}} \qquad 6 + 10 = \underline{\hspace{0.8cm}}$$

1 Einfache Aufgaben mit Fünfer- bzw. Zehnerstreifen legen und rechnen. **2** Einfache Aufgaben aufzeichnen, für den Zehner und Fünfer einen Strich zeichnen. **3** Aufgabe ‚mit 10' rechnen.

→ Schulbuch, Seite 66

Einfache Plusaufgaben

1 Einfach legen – einfach rechnen **mit 5** .

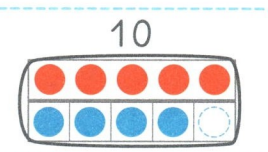

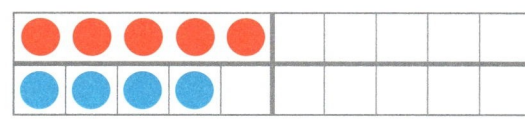

5 + 4 = ____

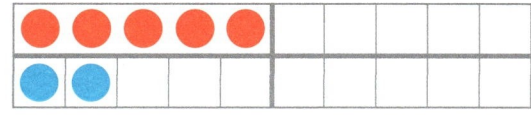

___ + ___ = ___

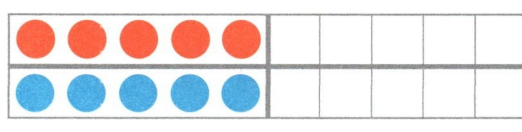

___ + ___ = ___

Noah

5 + 4 ist einfach.
1 weniger als 10.

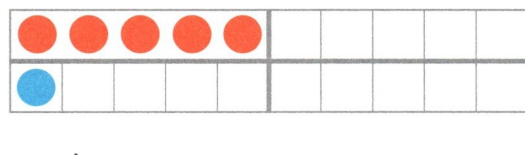

___ + ___ = ___

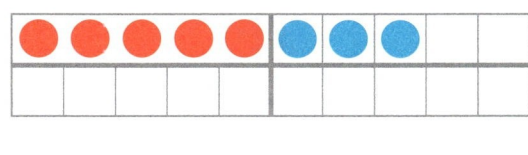

___ + ___ = ___

2 Zeichne und rechne **mit 5** .

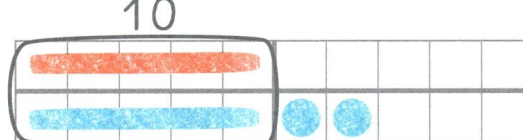

5 + 7 = ____

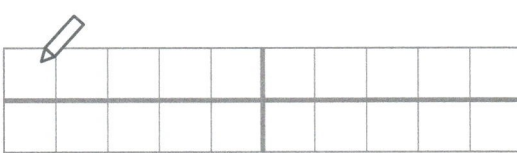

5 + 6 = ____

____

6 + 5 = ____

2 Fünfer sind 10.

Ina

5 + 8 = ____

____

8 + 5 = ____

3 5 + 2 = ____   1 + 5 = ____   5 + 3 = ____   4 + 5 = ____

5 + 5 = ____   3 + 5 = ____   5 + 4 = ____   0 + 5 = ____

1 Einfache Aufgaben mit Fünferstreifen legen und rechnen.   **2** Einfache Aufgaben aufzeichnen, Doppelfünfer einkreisen und zum geschickten Rechnen nutzen.   **3** Aufgaben ‚mit 5' rechnen.
→ Schulbuch, Seite 67

43

Einfache Plusaufgaben

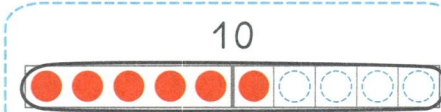

1 Legen, zeichnen – einfach rechnen ◆ = 10 .

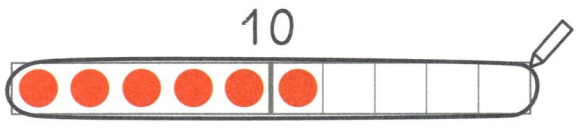

6 + ____ = 10

Anton

6 + ___ = 10 ist einfach.
Der Zehnerpartner
zu 6 ist 4.

5 + ____ = 10

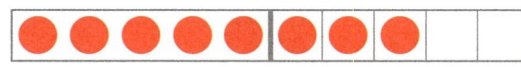

8 + ____ = 10

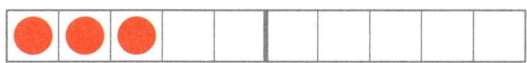

3 + ____ = 10

1 + ____ = 10

4 + ____ = 10

7 + ____ = 10

2 Zeichne und rechne ◆ = 10 .

9 + ____ = 10

8 + ____ = 10

6 + ____ = 10

7 + ____ = 10

5 + ____ = 10

4 + ____ = 10

3 5 + ____ = 10   8 + ____ = 10   7 + ____ = 10   3 + ____ = 10

    6 + ____ = 10   2 + ____ = 10   0 + ____ = 10   1 + ____ = 10

1 Einfache Aufgaben ‚=10' legen, einzeichnen und rechnen. **2** Einzeichnen: Wie viele fehlen bis 10? Für den Zehner- und Fünferstreifen einen Strich zeichnen. **3** Einfache Aufgabe rechnen, ggf. am Zehnerstreifen Zehnerpartner mit dem Stift darstellen.

→ Schulbuch, Seiten 68/69

Verwandte Aufgaben

1 Rechne mit der kleinen Aufgabe. Kreise ein.

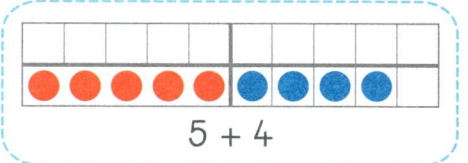

5 + 4

Ich rechne einfach 5 + 4.
Dann 1 Zehner mehr.

Lena

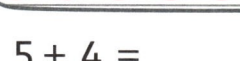

5 + 4 = ____

15 + 4 = ____

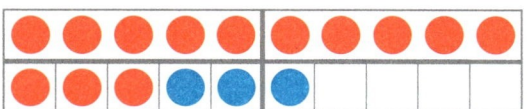

3 + 3 = ____

13 + 3 = ____

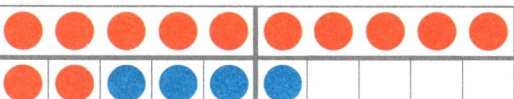

2 + 4 = ____

12 + 4 = ____

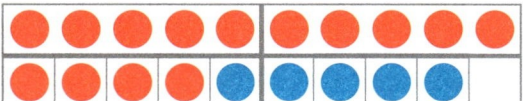

4 + 5 = ____

14 + 5 = ____

8 + 2 = ____

18 + 2 = ____

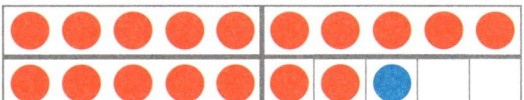

7 + 1 = ____

17 + 1 = ____

6 + 0 = ____

16 + 0 = ____

2 Lege und rechne.

2 + 5 = ____   2 + 6 = ____   5 + 1 = ____   8 + 1 = ____

12 + 5 = ____   12 + 6 = ____   15 + 1 = ____   18 + 1 = ____

4 + 3 = ____   3 + 2 = ____   4 + 6 = ____   7 + 3 = ____

14 + 3 = ____   13 + 2 = ____   14 + 6 = ____   17 + 3 = ____

1, 2 Struktur des Dezimalsystems nutzen, um Aufgaben im größeren Zahlenraum auf bekannte Aufgaben zurückzuführen.
Verwandte Aufgaben unterscheiden sich nur um einen Zehner voneinander.

→ Schulbuch, Seiten 70/71

45

Schwierige Plusaufgaben

1 Zeichne und rechne. Beginne mit der einfachen Aufgabe .

$3 + 10 =$ ____

$3 + 9 =$ ____

Erst 3 + 10 und
dann 1 weniger.

Finn

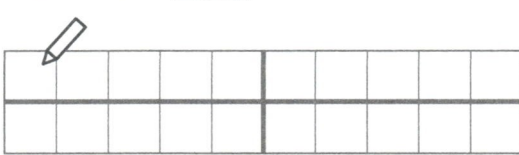

$10 + 2 =$ ____

$9 + 2 =$ ____

$10 + 7 =$ ____

$9 + 7 =$ ____

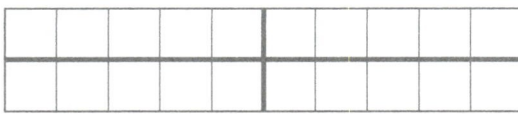

$5 + 10 =$ ____

$5 + 9 =$ ____

$8 + 10 =$ ____

$8 + 9 =$ ____

2 Zeichne und rechne. Beginne mit der einfachen Aufgabe .

$3 + 3 =$ ____

$3 + 4 =$ ____

$5 + 5 =$ ____

$5 + 6 =$ ____

$4 + 4 =$ ____

$4 + 5 =$ ____

$6 + 6 =$ ____

$6 + 7 =$ ____

1 Aufgaben ‚mit 10' im Zwanzigerfeld darstellen, Veränderungen (–1) am Material (zunehmend mental) durchführen und einzeichnen.   2 Nachbaraufgaben mit den einfachen Aufgaben ‚doppelt' lösen, Veränderungen (+1) am Material darstellen und beschreiben.

→ Schulbuch, Seiten 72/73

Schwierige Plusaufgaben

1 Zeichne und rechne. Beginne mit der einfachen Aufgabe 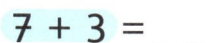 = 10 .

7 + 3 = ____
7 + 4 = ____

6 + 4 = ____
6 + 5 = ____

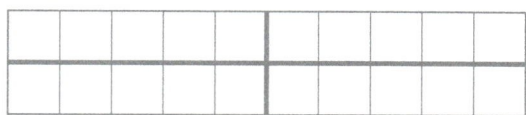

3 + 7 = ____
3 + 8 = ____

4 + 6 = ____
4 + 7 = ____

2 + 8 = ____
3 + 8 = ____

8 + 2 = ____
8 + 3 = ____

2 Rechne doppelt   mit 10   = 10 . Vergleiche.

3 + 3 = ____   5 + 5 = ____   6 + 6 = ____   8 + 8 = ____
3 + 4 = ____   5 + 6 = ____   6 + 7 = ____   8 + 9 = ____

6 + 6 = ____   7 + 7 = ____   4 + 4 = ____   8 + 8 = ____
7 + 6 = ____   8 + 7 = ____   5 + 4 = ____   9 + 8 = ____

10 + 4 = ____   10 + 6 = ____   10 + 8 = ____   10 + 7 = ____
9 + 4 = ____   9 + 6 = ____   9 + 8 = ____   9 + 7 = ____

7 + 3 = ____   8 + 2 = ____   3 + 7 = ____   4 + 6 = ____
7 + 4 = ____   8 + 3 = ____   2 + 7 = ____   4 + 5 = ____

---

1 Einfache Aufgaben ‚= 10' und Nachbaraufgaben lösen, operative Beziehungen zum Lösen nutzen: Aufgaben ‚=10' im Zwanziger-
feld darstellen, operative Veränderungen (+1) am Material (zunehmend mental) durchführen und einzeichnen. **2** Nachbaraufgaben
mit den einfachen Aufgaben ‚doppelt', ‚mit 10' und ‚=10 lösen, Veränderungen (+1, −1) ggf. am Material darstellen und beschreiben.

→ Schulbuch, Seiten 72/73

Rechenwege

1 Zeichne und rechne geschickt.

5 + 6.
Ich rechne mit 5 + 5.
Dann noch +1.

Luis

5 + 6

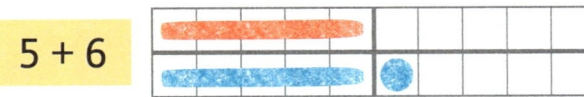

5 + 5 + 1 = ____

4 + 5

4 + 4 + 1 = ____

3 + 4

3 + 3 + 1 = ____

8 + 3

8 + 2 + 1 = ____

7 + 4

7 + 3 + 1 = ____

6 + 5

6 + 4 + 1 = ____

4 + 7

4 + 6 + 1 = ____

9 + 2

10 + 2 − 1 = ____

9 + 5

10 + 5 − 1 = ____

4 + 9

4 + 10 − 1 = ____

3 + 9

3 + 10 − 1 = ____

2 Rechne geschickt. Achte auf ⬥ = 10 ⬥ mit 10 ⬥ doppelt ⬥ mit 5 .

5 + 6 = ____

5 + 5 = ____

9 + 3 = ____

____

9 + 6 = ____

____

5 + 8 = ____

____

1 Lange Aufgabe zum Lösen der schwierigen Aufgaben nutzen. **2** Abhängig vom Zahlenmaterial Rechenweg geschickt wählen, ggf. am Zwanzigerfeld legen, Ergebnis mithilfe der besonderen Zahlenstruktur bestimmen.
→ Schulbuch, Seite 74

Forschen und Finden: Schöne Päckchen

1 Schönes Päckchen. Setze fort.

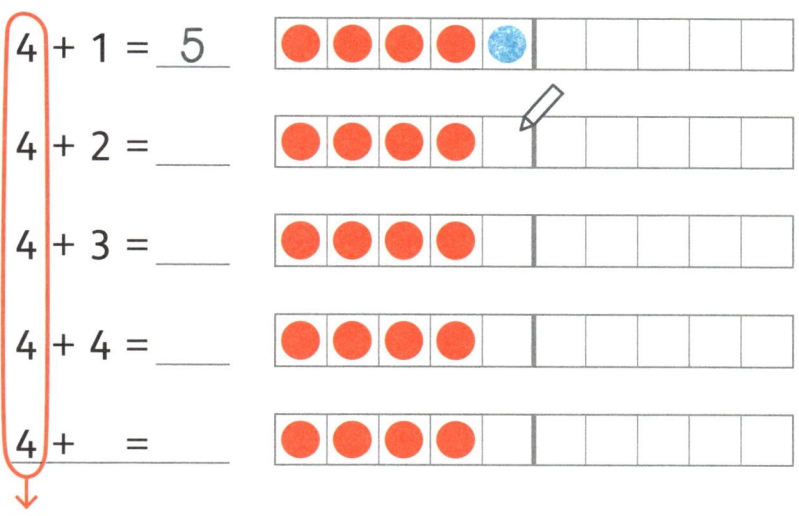

4 + 1 = _5_

4 + 2 = ___

4 + 3 = ___

4 + 4 = ___

4 +   = ___

+0

Die 1. Zahl bleibt immer gleich.
Und die 2. Zahl?

Kim

2 Lege und rechne. Setze fort.

3 + 1 = ___	2 + 1 = ___	1 + 5 = ___	3 + 10 = ___
3 + 2 = ___	2 + 3 = ___	2 + 5 = ___	4 + 10 = ___
3 + 3 = ___	2 + 5 = ___	3 + 5 = ___	5 + 10 = ___
3 + 4 = ___	2 + 7 = ___	4 + 5 = ___	6 + 10 = ___
+ =	+ =	+ =	+ =
+ =	+ =	+ =	+ =

3 Lege und rechne. Setze fort.

2 + 2 = ___	2 + 3 = ___	10 + 0 = ___	1 + 6 = ___
3 + 3 = ___	3 + 4 = ___	9 + 1 = ___	2 + 5 = ___
4 + 4 = ___	4 + 5 = ___	8 + 2 = ___	3 + 4 = ___
5 + 5 = ___	5 + 6 = ___	7 + 3 = ___	4 + 3 = ___
+ =	+ =	+ =	+ =
+ =	+ =	+ =	+ =

1 Operative Päckchen zeichnen und fortsetzen. Auffälligkeiten ggf. einkreisen, Beziehungen zwischen der 1. und 2. Zahl sowie dem Ergebnis erkennen und beschreiben (ggf. mit Farben, Einkreisungen und Pfeilen markieren). **2, 3** Operative Zusammenhänge erkennen und nutzen (bei Nr. 2: der 1. oder 2. Summand verändert/bei Nr. 3: beide Summanden verändern sich).

→ Schulbuch, Seite 75

1 Finde Plusaufgaben am Zwanzigerfeld.

_____ + _____ = _____   _____ + _____ = _____

2 Rechne einfache Aufgaben.

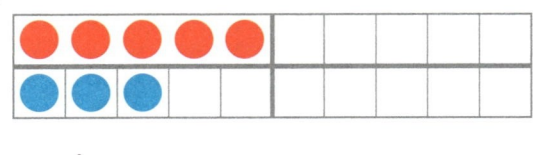

mit 5	= 10	doppelt	mit 10
3 + 5 = ____	2 + 8 = ____	2 + 2 = ____	2 + 10 = ____
5 + 4 = ____	9 + 1 = ____	4 + 4 = ____	10 + 3 = ____
1 + 5 = ____	7 + 3 = ____	8 + 8 = ____	7 + 10 = ____

3 Mit Nachbaraufgaben rechnen.

2 + 5 = ____   9 + 1 = ____   4 + 4 = ____   10 + 7 = ____

2 + 6 = ____   9 + 2 = ____   5 + 4 = ____   9 + 7 = ____

4 Mit verwandten Aufgaben rechnen.

3 + 5 = ____   2 + 2 = ____   5 + 2 = ____   7 + 3 = ____

13 + 5 = ____   12 + 2 = ____   15 + 2 = ____   17 + 3 = ____

5 Mit Münzen und Scheinen rechnen.

      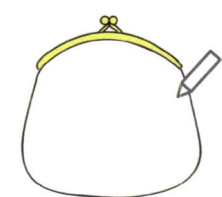

_____ €   _____ €   10 €

Wesentliche Inhalte des Kapitels noch einmal reflektieren, die eigenen Kompetenzen einschätzen.

→ Schulbuch, Seiten 76/77

Ornamente

1 Lege und zeichne.

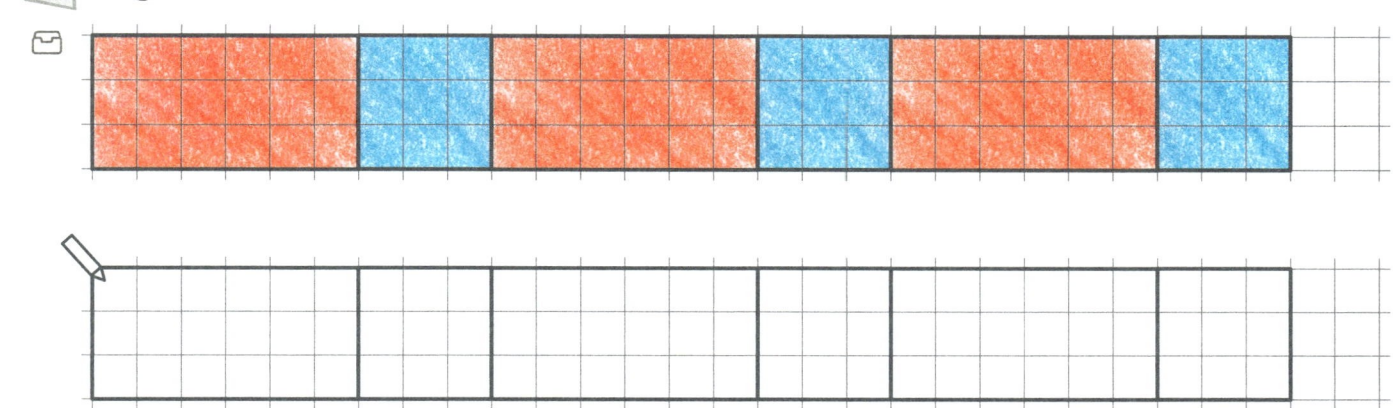

2 Lege und zeichne weiter.

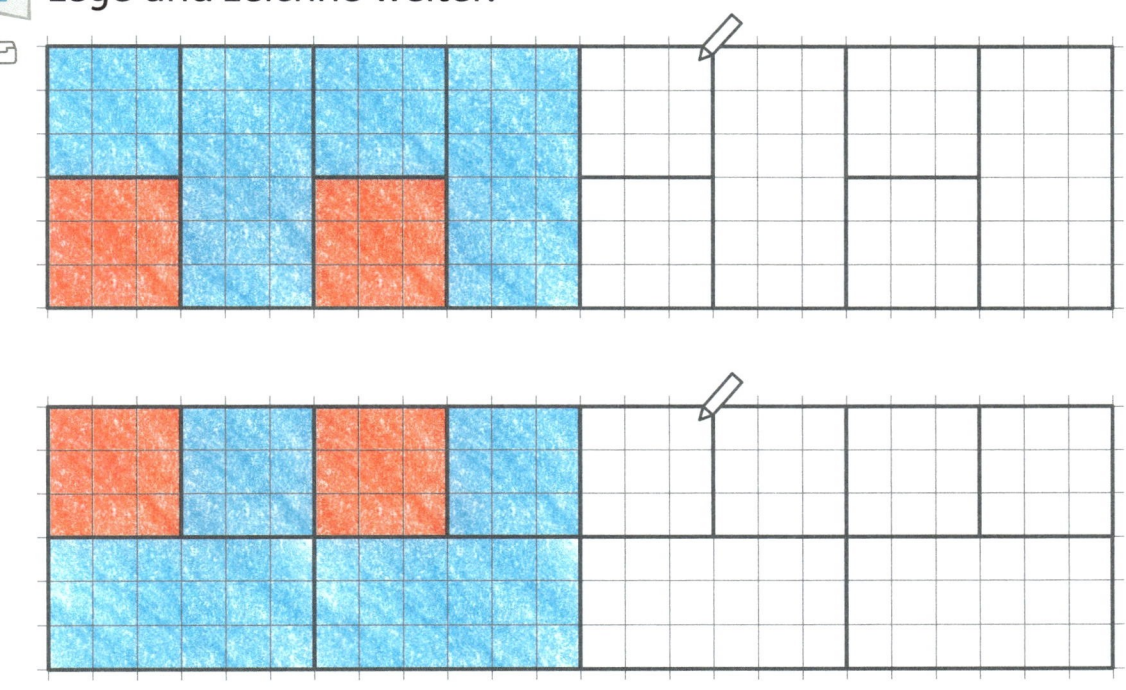

3 Lege Muster mit ▭ und ▪ . Zeichne.

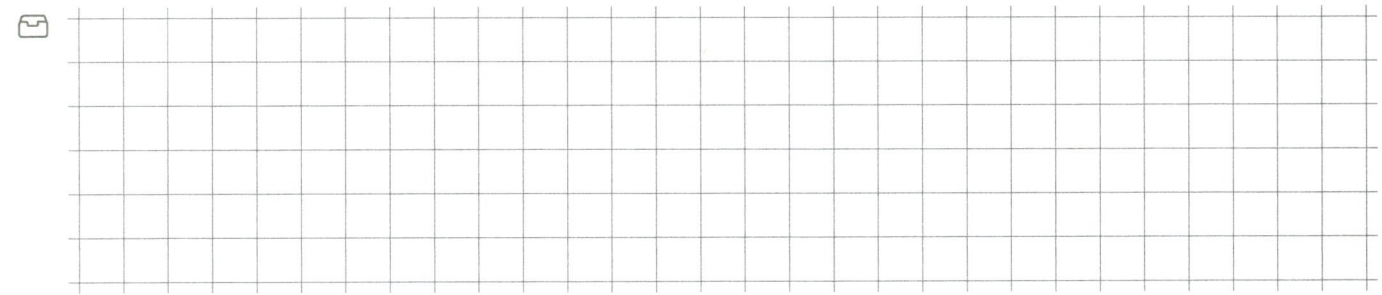

1, 2 Ornamente mit Legematerial nachlegen und ggf. forsetzen. Anschließend zeichnen. Auf Grundmuster achten.
3 Eigene Muster aus Rechtecken und Quadraten legen und zeichnen.

→ Schulbuch, Seiten 78/79

Spiegeln

1 Finde und zeichne die Spiegelachse.

2 Finde und zeichne die Spiegelachse.

Aus ...  mache ...

Aus ...  mache ...

Aus ...  mache ...

1, 2 Spiegelachsen mit dem Spiegel finden und einzeichnen.
→ Schulbuch, Seiten 80/81

○ **1** Findet Minusaufgaben. Erzählt. Was passiert?

 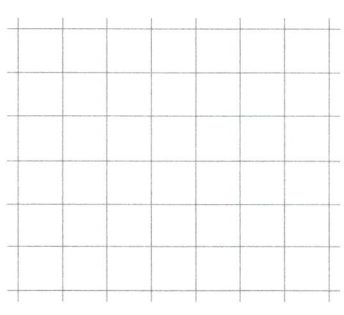

 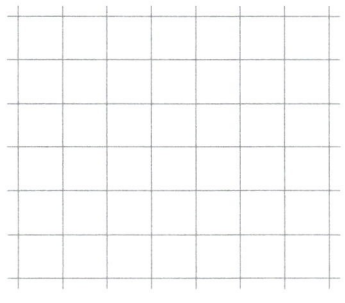

 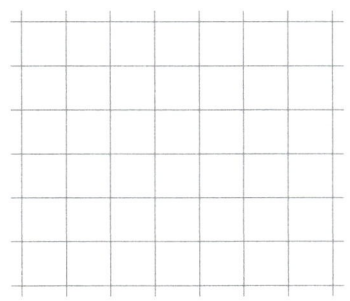

1 Mehrere passende Minusaufgaben notieren. Die Aufgaben können in den Bildern eingekreist werden.

→ Schulbuch, Seiten 82/83

1

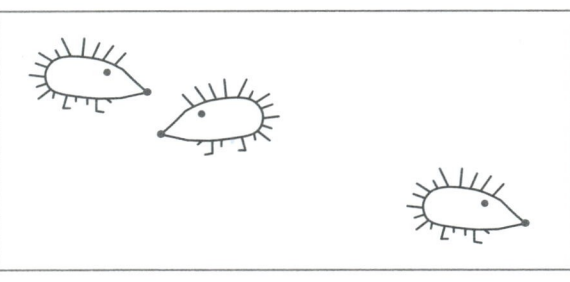

$3 - 1 =$

$5 - 4 =$

$6 - 3 =$

$3 - 3 =$

$4 - 2 =$

2 Diese Aufgaben kann ich schon:

1 Bilder zu den Aufgaben zeichnen.   2 Die Kinder schreiben Minusaufgaben, die sie bereits kennen, Lehrperson erhält Rückmeldung über die Vorkenntnisse der Kinder.

→ Schulbuch, Seiten 82/83

Minusaufgaben am Zwanzigerfeld

1

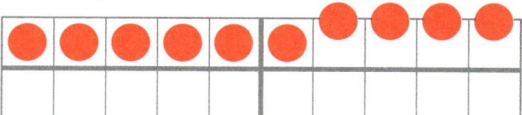

10 − 4 = _____

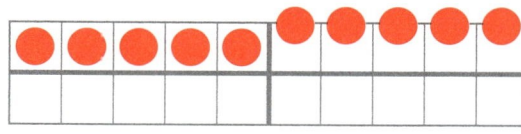

_____ − _____ = _____

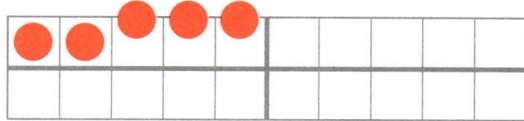

_____ − _____ = _____

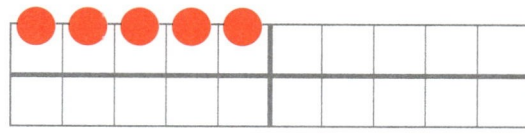

_____ − _____ = _____

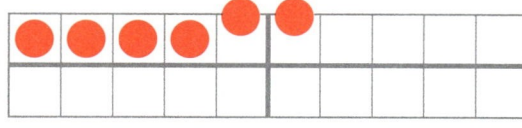

_____ − _____ = _____

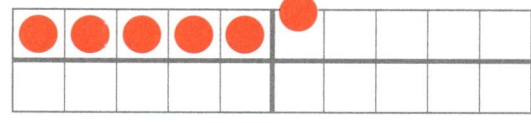

_____ − _____ = _____

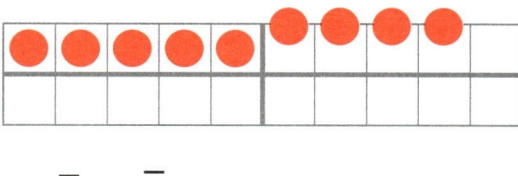

_____ − _____ = _____

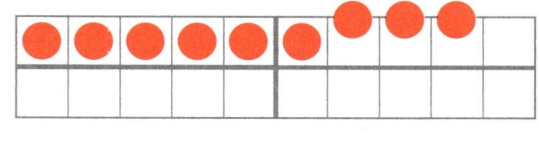

_____ − _____ = _____

2

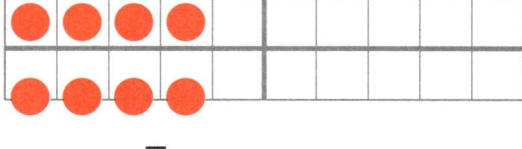

_____ − _____ = _____

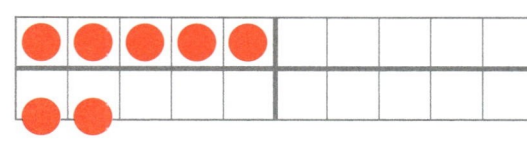

_____ − _____ = _____

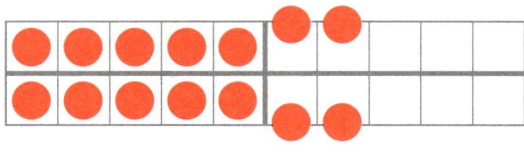

_____ − _____ = _____

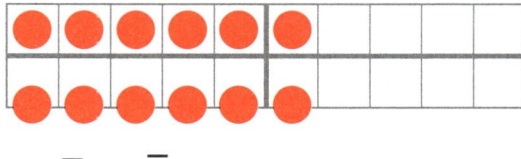

_____ − _____ = _____

3 Lege und rechne.

6 − 1 = _____   7 − 2 = _____   10 − 1 = _____   14 − 4 = _____

6 − 3 = _____   7 − 1 = _____   10 − 5 = _____   14 − 10 = _____

1, 2 Minusaufgaben am Zwanzigerfeld erkennen, darstellen und rechnen. **3** Minusaufgaben am Zwanzigerfeld legen, durch Wegnehmen oder Abdecken mit einem Abdeckstreifen darstellen.

→ Schulbuch, Seiten 84/85

55

Einfache Minusaufgaben

○ 1 Einfach legen – einfach rechnen ◁ 10 ▷.

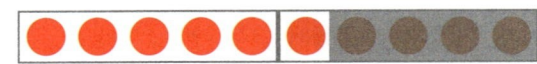

10 − 4 = _____

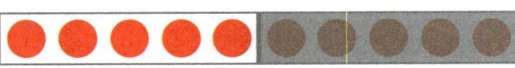

10 − ___ = ___

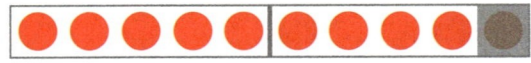

10 − ___ = ___

10 − ___ = ___

10 − ___ = ___

10 − ___ = ___

● 2 Zeichne, rechne und vergleiche ◁ 10 ▷.

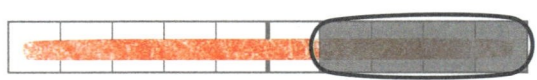

10 − 4 = _____   10 − 6 = _____

10 − 3 = _____   10 − 7 = _____

10 − 2 = _____   10 − 8 = _____

10 − 1 = _____   10 − 9 = _____

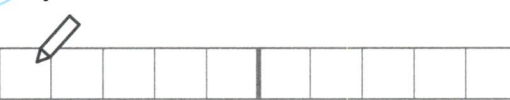

● 3 10 − ___ = 5   10 − ___ = 2   10 − ___ = 3   10 − ___ = 9

10 − ___ = 0   10 − ___ = 4   10 − ___ = 6   10 − ___ = 10

1 Einfache Aufgaben (nach) legen und rechnen.   **2** Einfache Aufgaben aufzeichnen, für den Zehner einen Strich zeichnen, wegzunehmende Zahl schraffieren oder einkreisen.   **3** Aufgaben ‚mit 10' rechnen.

→ Schulbuch, Seite 86

Einfache Minusaufgaben

1 Einfach legen – einfach rechnen ⟨10⟩.

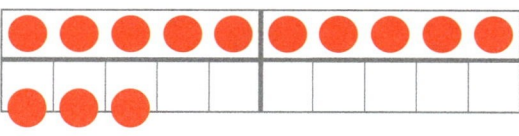

13 − 3 = _____

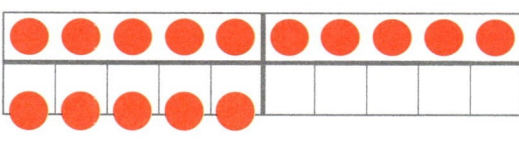

_____ − _____ = _____

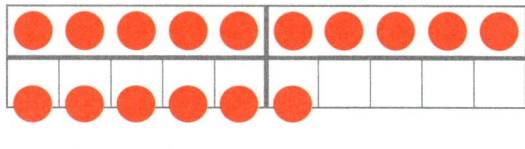

_____ − _____ = _____

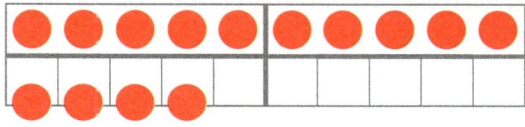

_____ − _____ = _____

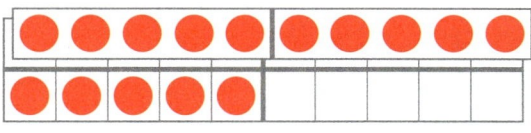

_____ − _____ = _____

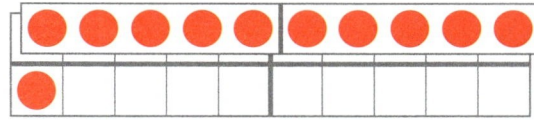

_____ − _____ = _____

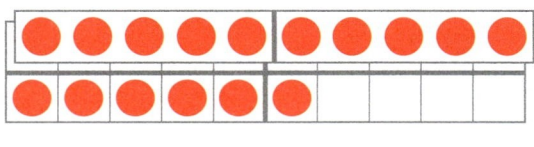

_____ − _____ = _____

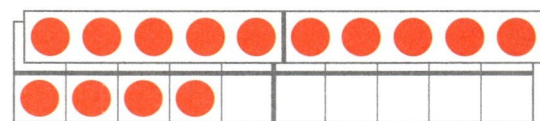

_____ − _____ = _____

2 Zeichne, rechne und vergleiche ⟨10⟩.

16 − 6 = _____

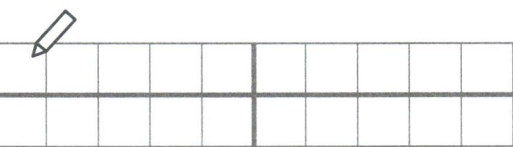

16 − 10 = _____

14 − 4 = _____

14 − 10 = _____

3 Rechne.

15 − 10 = _____   12 − 10 = _____   17 − 10 = _____   13 − 10 = _____

15 − 5 = _____   12 − 2 = _____   17 − 7 = _____   13 − 3 = _____

---

1 Einfache Minusaufgaben ‚mit 10' deuten: Es wird ein Zehner weggenommen oder es bleibt ein Zehner übrig.
2 Operative Beziehungen erkennen, nutzen und beschreiben.   **3** Aufgaben ‚mit 10' rechnen, ggf. am Material legen, transparenten Abdeckstreifen nutzen.

→ Schulbuch, Seite 87

Einfache Minusaufgaben

1 Einfach legen – einfach rechnen ⬦ 5 ⬦.

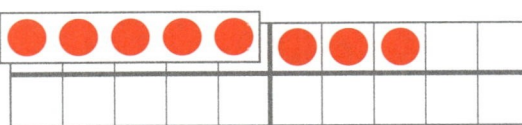

8 − 5 = ____

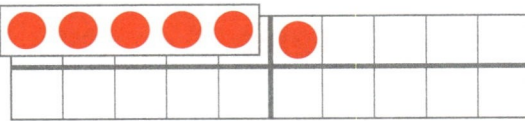

____ − ____ = ____

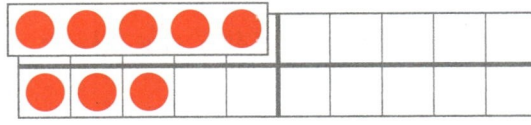

____ − ____ = ____

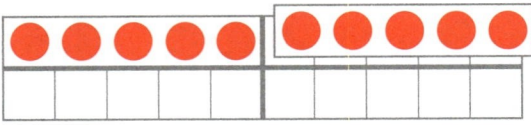

____ − ____ = ____

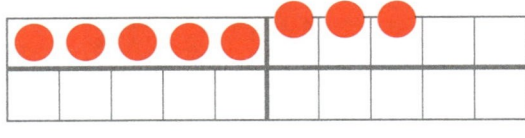

____ − ____ = ____

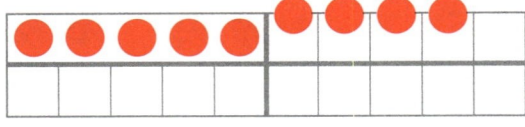

____ − ____ = ____

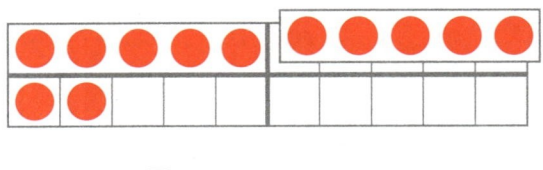

____ − ____ = ____

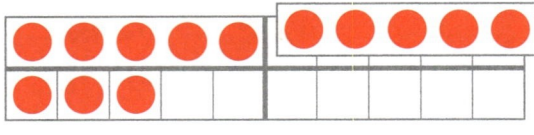

____ − ____ = ____

2 Zeichne, rechne und vergleiche ⬦ 5 ⬦ ⬦ 10 ⬦.

12 − 5 = ____

12 − 10 = ____

14 − 5 = ____

14 − 10 = ____

3

6 − 1 = ____   9 − 5 = ____   8 − 3 = ____   7 − 5 = ____

6 − 5 = ____   9 − 4 = ____   8 − 5 = ____   7 − 2 = ____

1 Minusaufgaben ‚mit 5' deuten: Es wird ein Fünfer weggenommen oder es bleibt ein Fünfer übrig.   **2** Operative Beziehungen zwischen ‚mit 5' und ‚mit 10' erkennen und beschreiben.   **3** Aufgaben ‚mit 5' rechnen, ggf. am Material legen, transparenten Abdeckstreifen nutzen.

→ Schulbuch, Seiten 88/89

Verwandte Aufgaben

1 Rechne mit der kleinen Aufgabe.

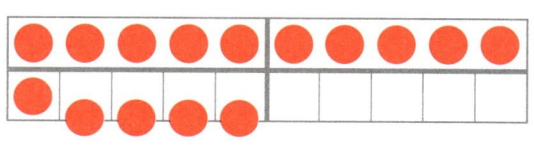

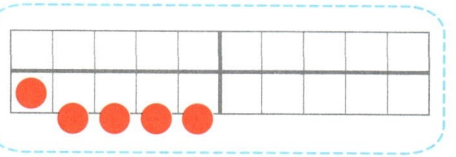

5 – 4 = ____

15 – 4 = ____

Mila

Ich rechne einfach 5 – 4.
Dann 1 Zehner mehr.

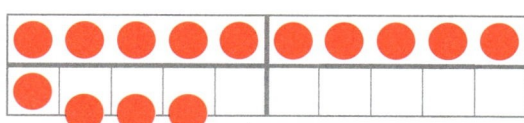

4 – 3 = ____

14 – 3 = ____

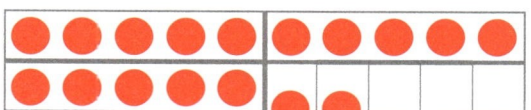

7 – 2 = ____

17 – 2 = ____

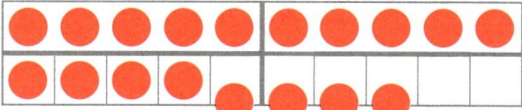

8 – 4 = ____

18 – 4 = ____

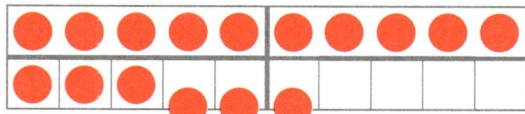

6 – 3 = ____

16 – 3 = ____

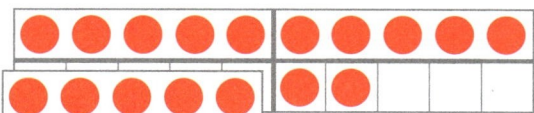

7 – 5 = ____

17 – 5 = ____

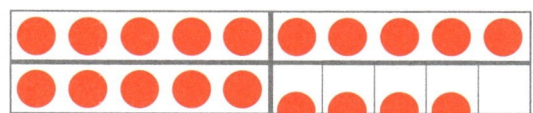

9 – 4 = ____

19 – 4 = ____

2 Verwandte Aufgaben. Lege, rechne und vergleiche.

5 – 2 = ____	8 – 5 = ____	6 – 5 = ____	9 – 1 = ____
15 – 2 = ____	18 – 5 = ____	16 – 5 = ____	19 – 1 = ____
9 – 8 = ____	8 – 3 = ____	10 – 4 = ____	7 – 5 = ____
19 – 8 = ____	18 – 3 = ____	20 – 4 = ____	17 – 5 = ____

1, 2 Struktur des Dezimalsystems nutzen, um Aufgaben im größeren Zahlenraum auf bekannte Aufgaben zurückzuführen.
Verwandte Aufgaben unterscheiden sich um einen Zehner voneinander.

→ Schulbuch, Seiten 90/91

59

Schwierige Minusaufgaben

1 Zeichne und rechne. Beginne mit der einfachen Aufgabe  .

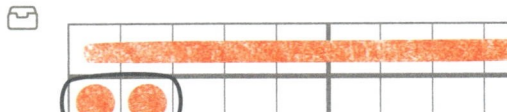

$12 - 2 = \underline{10}$

$12 - 3 = \underline{}$

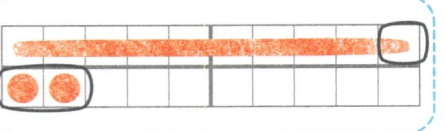

Erst 12 − 2 und dann noch 1 Plättchen mehr weg.

Ina

$13 - 3 = \underline{}$

$13 - 4 = \underline{}$

$15 - 5 = \underline{}$

$15 - 6 = \underline{}$

$14 - 4 = \underline{}$

$14 - 5 = \underline{}$

$17 - 7 = \underline{}$

$17 - 8 = \underline{}$

2 Zeichne und rechne. Beginne mit der einfachen Aufgabe  .

$12 - 10 = \underline{}$

$12 - 9 = \underline{}$

Ich rechne die einfache Aufgabe 12 − 10. Dann 1 dazu.

Eric

$15 - 10 = \underline{}$

$15 - 9 = \underline{}$

$13 - 10 = \underline{}$

$13 - 9 = \underline{}$

1 Einfache Aufgaben ‚mit 10' im Ergebnis zum Lösen der Nachbaraufgaben nutzen. **2** Einfache Aufgaben ‚mit 10' im Subtrahenden zum Lösen der Nachbaraufgaben nutzen.

→ Schulbuch, Seiten 92/93

Schwierige Minusaufgaben

1 Zeichne und rechne. Beginne mit der einfachen Aufgabe 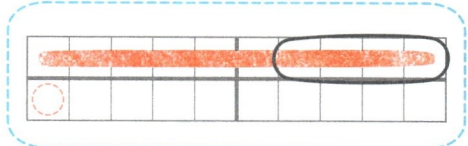.

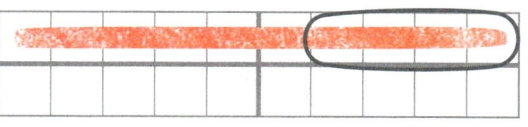

10 − 4 = ____

11 − 4 = ____

Metin

Erst 10 − 4 und dann 1 dazu.

10 − 2 = ____

11 − 2 = ____

10 − 3 = ____

11 − 3 = ____

10 − 7 = ____

11 − 7 = ____

10 − 6 = ____

11 − 6 = ____

10 − 5 = ____

11 − 5 = ____

10 − 8 = ____

11 − 8 = ____

2 Lege und rechne .

16 − 10 = ____   17 − 10 = ____   15 − 5 = ____   13 − 3 = ____

16 − 9 = ____   17 − 9 = ____   15 − 6 = ____   13 − 4 = ____

10 − 3 = ____   10 − 4 = ____   10 − 6 = ____   10 − 5 = ____

11 − 3 = ____   11 − 4 = ____   11 − 6 = ____   11 − 5 = ____

1, 2 Einfache Aufgaben ‚10−‘ und ‚=10/−10‘ zum Lösen der Nachbaraufgaben nutzen.

→ Schulbuch, Seiten 92/93

61

Rechenwege

1 Zeichne und rechne geschickt.

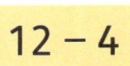 12 – 4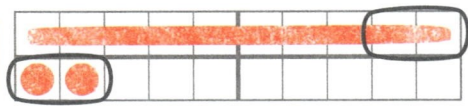

12 – 2 – 2 = ____

Eric

> 12 – 2 ist eine einfache Aufgabe. Dann rechne ich noch 10 – 2.

14 – 6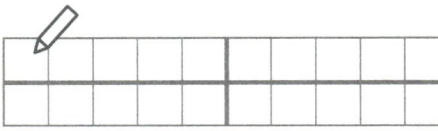

14 – 4 – 2 = ____

16 – 7

16 – 6 – 1 = ____

15 – 8

15 – 5 – 3 = ____

13 – 6

13 – 3 – 3 = ____

2 Zeichne und rechne geschickt.

16 – 9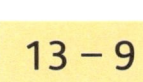

16 – 10 + 1 = ____

Ina

> 16 – 10 hilft mir.

13 – 9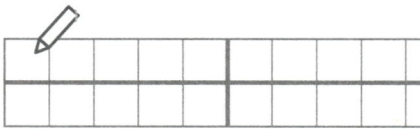

13 – 10 + 1 = ____

15 – 9

15 – 10 + 1 = ____

17 – 9

17 – 10 + 1 = ____

14 – 9

14 – 10 + 1 = ____

3 Rechne geschickt mit ◇ 10 ◇ 10 .

12 – 3 = ____   15 – 6 = ____   11 – 4 = ____   15 – 9 = ____

16 – 7 = ____   14 – 9 = ____   14 – 5 = ____   13 – 4 = ____

1 Lange Aufgabe zum Lösen der schwierigen Aufgaben nutzen.   **2, 3** Abhängig vom Zahlenmaterial Rechenweg geschickt wählen, ggf. am Zwanzigerfeld legen, Ergebnis mithilfe der besonderen Zahlenstruktur bestimmen.
→ Schulbuch, Seite 94

Forschen und Finden: Schöne Päckchen

1 Schöne Päckchen. Zeichne und rechne. Setze fort.

8 − 3 = ____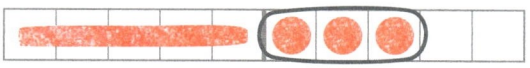

8 − 4 = ____

8 − 5 = ____

8 − ___ = ____

Die 1. Zahl bleibt immer gleich. Und die 2. Zahl?

Sophie

2 Lege und rechne. Setze fort.

6 − 1 = ____	10 − 2 = ____	10 − 2 = ____	9 − 1 = ____
6 − 2 = ____	10 − 4 = ____	8 − 2 = ____	9 − 3 = ____
6 − 3 = ____	10 − 6 = ____	6 − 2 = ____	9 − 5 = ____
___ − ___ = ____	___ − ___ = ____	___ − ___ = ____	___ − ___ = ____

3 Lege und rechne. Setze fort.

6 − 1 = ____	4 − 2 = ____	5 − 3 = ____	5 − 5 = ____
8 − 2 = ____	5 − 3 = ____	7 − 4 = ____	6 − 4 = ____
10 − 3 = ____	6 − 4 = ____	9 − 5 = ____	7 − 3 = ____
___ − ___ = ____	___ − ___ = ____	___ − ___ = ____	___ − ___ = ____

4 Findet schöne Päckchen. Wie kann es weitergehen?

8 − 2 = ____   9 − 4 = ____   10 − 5 = ____

_____   _____   _____

_____   _____   _____

1–4 Strukturen in schönen Päckchen erkennen und beim Lösen und Erfinden eigener Päckchen nutzen. Beziehungen zwischen Aufgaben erkennen und ggf. mit Farben und Pfeilen markieren.

→ Schulbuch, Seite 95

63

1 Finde Minusaufgaben am Zwanzigerfeld.

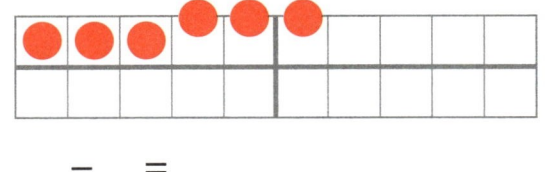 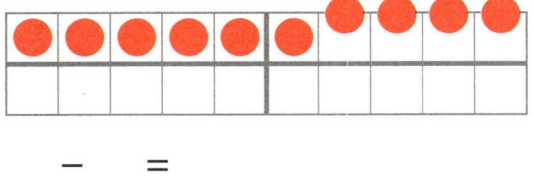

_____ – _____ = _____   _____ – _____ = _____

2 Einfach legen – einfach rechnen  .

$7 - \underline{\quad} = 5$ $12 - \underline{\quad} = 10$ $13 - 10 = \underline{\quad}$ $10 - 5 = \underline{\quad}$

$8 - \underline{\quad} = 5$ $17 - \underline{\quad} = 10$ $18 - 10 = \underline{\quad}$ $10 - 7 = \underline{\quad}$

3 Mit Nachbaraufgaben rechnen.

$15 - 10 = \underline{\quad}$ $16 - 10 = \underline{\quad}$ $18 - 8 = \underline{\quad}$ $15 - 5 = \underline{\quad}$

$15 - 9 = \underline{\quad}$ $16 - 9 = \underline{\quad}$ $18 - 7 = \underline{\quad}$ $15 - 6 = \underline{\quad}$

$13 - 3 = \underline{\quad}$ $15 - 5 = \underline{\quad}$ $10 - 6 = \underline{\quad}$ $10 - 5 = \underline{\quad}$

$12 - 3 = \underline{\quad}$ $14 - 5 = \underline{\quad}$ $11 - 6 = \underline{\quad}$ $11 - 5 = \underline{\quad}$

4 Mit verwandten Aufgaben rechnen.

$3 - 2 = \underline{\quad}$ $8 - 6 = \underline{\quad}$ $7 - 4 = \underline{\quad}$ $9 - 3 = \underline{\quad}$

$13 - 2 = \underline{\quad}$ $18 - 6 = \underline{\quad}$ $17 - 4 = \underline{\quad}$ $19 - 13 = \underline{\quad}$

5 Ornamente. Zeichne weiter.

Wesentliche Inhalte des Kapitels noch einmal reflektieren, die eigenen Kompetenzen einschätzen.
→ Schulbuch, Seiten 96/97

Meter und Zentimeter

Mila   Leo   Anton   Lena   Finn

1   Wer ist größer? Kreuze an.

☐   ☐   ☐   ☐

2   Wer ist kleiner als Anton? _____

3   Miss mit dem Lineal.

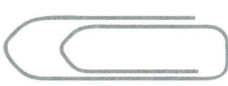

____ 3 cm ____

_____

_____

_____

Plus und Minus

1 Finde immer eine Aufgabe und die Umkehraufgabe.

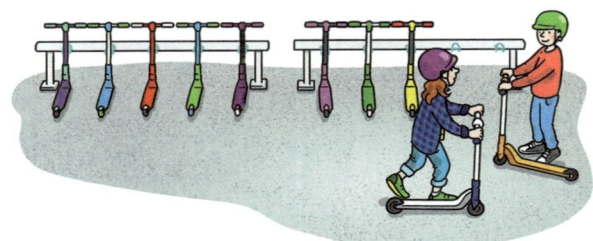

8 + 2 = _____   10 − 2 = _____   _____   _____

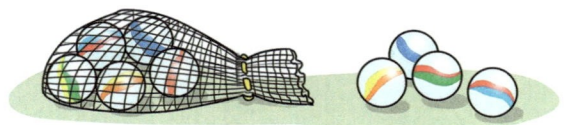

_____   _____   _____   _____

2 Rechne und zeichne.

4 + 2 = _____

6 − 2 = _____

3

4 + 2 = ____	3 + 1 = ____	2 + 5 = ____	8 + 2 = ____
6 − 2 = ____	4 − 1 = ____	7 − 5 = ____	10 − 2 = ____
5 + 3 = ____	6 + 4 = ____	3 + 6 = ____	4 + 3 = ____
8 − 3 = ____	10 − 4 = ____	9 − 6 = ____	7 − 3 = ____

1 Jeweils eine passende Plus- und Minusaufgabe finden und rechnen. 2 Eigene Bilder zu den Aufgaben zeichnen.
3 Aufgaben lösen.
→ Schulbuch, Seiten 100/101

Plus und Minus

1 Aufgabe und Umkehraufgabe.

 $10 + 2 = 12$

$12 - 2 = $ ___

$10 + \quad = $ ___

___ $- \quad = $ ___

 $10 + \quad = $ ___

___ $- \quad = $ ___

$10 + \quad = $ ___

___ $- \quad = $ ___

$10 + \quad = $ ___

___ $- \quad = $ ___

$10 + \quad = $ ___

___ $- \quad = $ ___

2 Immer 10, immer 20. Rechne Aufgabe und Umkehraufgabe.

$7 + 3 = $ ___ $4 + 6 = $ ___ $8 + 2 = $ ___ $5 + 5 = $ ___

$10 - 3 = $ ___ $10 - 6 = $ ___ $10 - 2 = $ ___ $10 - 5 = $ ___

$10 + 10 = $ ___ $19 + 1 = $ ___ $17 + 3 = $ ___ $15 + 5 = $ ___

$20 - 10 = $ ___ $20 - 1 = $ ___ $20 - 3 = $ ___ $20 - 5 = $ ___

3 Was würfelt  ? Was würfelt  ?

 $10 + 3 = 13$

$13 - 4 = 9$

$10 + $ ___ $= 12$

$12 - $ ___ $= 9$

$10 + $ ___ $= 15$

$15 - $ ___ $= 9$

$10 + $ ___ $= 16$

$16 - $ ___ $= 11$

$10 + $ ___ $= 14$

$14 - $ ___ $= 11$

$10 + $ ___ $= 13$

$13 - $ ___ $= 11$

1 Spielzüge zu ‚Räuber und Goldschatz' vervollständigen.   **2** Aufgaben und Umkehraufgaben mit dem Ergebnis 10 und 20 rechnen.   **3** Würfelzahlen zu Spielzügen finden.
→ Schulbuch, Seiten 102/103

67

Umkehr- und Tauschaufgaben

1 Rechne immer vier Aufgaben.

5 + 2 = ____   7 − 2 = ____   3 + 5 = ____   8 − 5 = ____

2 + 5 = ____   7 − 5 = ____   5 + 3 = ____   8 − 3 = ____

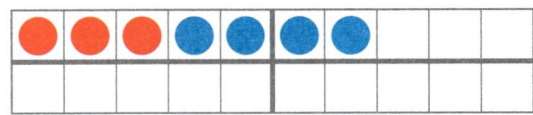

3 + 4 = ____   7 − 4 = ____   9 + 1 = ____   10 − 1 = ____

4 + 3 = ____   7 − 3 = ____   1 + 9 = ____   10 − 9 = ____

2 Finde die Tauschaufgabe und die Umkehraufgaben.

10 + 5 =   15 − 5 =   ____ + ____ = ____   ____ − ____ = ____

5 + 10 =   15 − 10 =   ____ + ____ = ____   ____ − ____ = ____

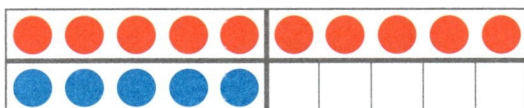

____ + ____ = ____   ____ − ____ = ____   ____ + ____ = ____   ____ − ____ = ____

____ + ____ = ____   ____ − ____ = ____   ____ + ____ = ____   ____ − ____ = ____

3

1 Zu einer bildlichen Darstellung im Zwanzigerfeld Tauschaufgaben sowie deren Umkehraufgaben rechnen.   **2** Zu einer bildlichen Darstellung im Zwanzigerfeld Tauschaufgaben und Umkehraufgaben finden und rechnen.   **3** Muster fortsetzen.
→ Schulbuch, Seiten 104/105

Legen und Überlegen

1 Immer 12 Tulpen in einem Strauß – rote und gelbe. Zeichne ein.

10 gelbe   2 gelbe   6 gelbe

____ rote   ____ rote   ____ rote

2 Wie viele Beine sind es?

 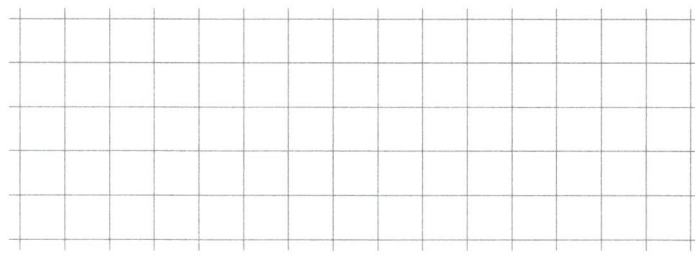

3 Es sind 12 Beine. Wie viele Schweine? Wie viele Enten?

---

1 Sachaufgaben mithilfe vorgegebener Zeichnung lösen.   2 Sachaufgaben mithilfe von Zeichnungen oder Rechnungen lösen.
3 Aufgabe probierend lösen. Es gibt verschiedene Lösungen.

→ Schulbuch, Seiten 106/107

69

Ergänzen und Wegnehmen

1 | Wie viele fehlen?

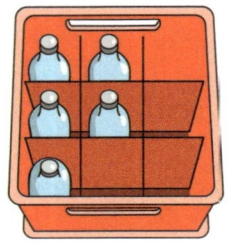      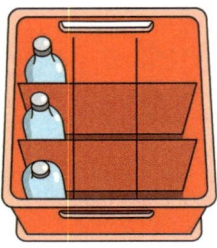

5 + ____ = 9   ____ + ____ = 9   ____ + ____ = 9

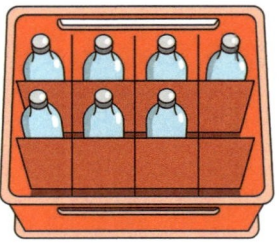   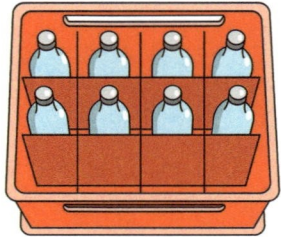   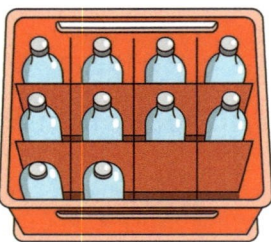

7 + ____ = 12   ____ + ____ = 12   ____ + ____ = 12

2

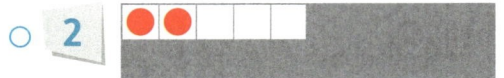      

2 + ____ = 5   4 + ____ = 6   3 + ____ = 7

   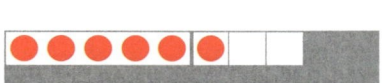   

5 + ____ = 9   6 + ____ = 8   1 + ____ = 10

   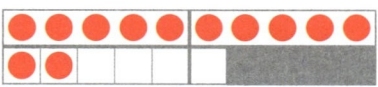   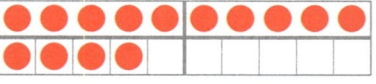

10 + ____ = 15   12 + ____ = 16   14 + ____ = 20

   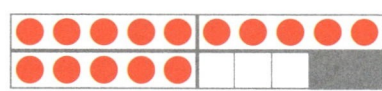   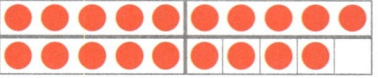

13 + ____ = 16   15 + ____ = 18   19 + ____ = 20

70

Forschen und Finden: Rechendreiecke

1 Immer ein Plättchen mehr. Rechne.

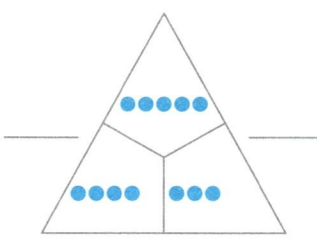 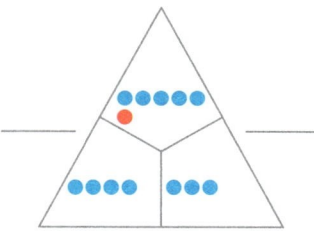 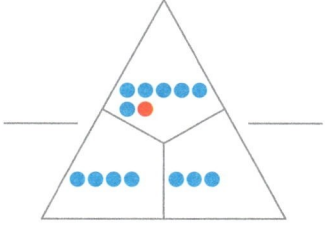

2 Überall ein Plättchen mehr.

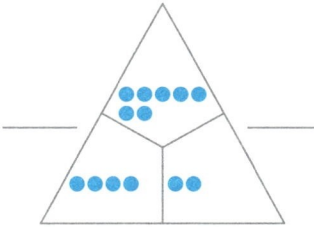 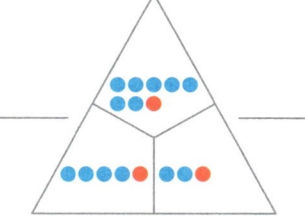 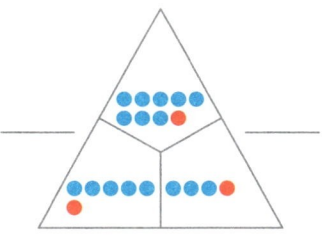

3 Ein Plättchen wird verschoben.

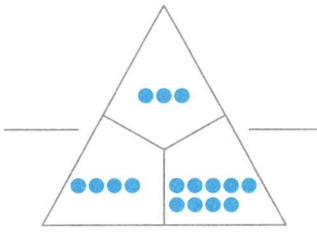 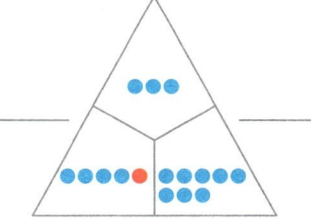 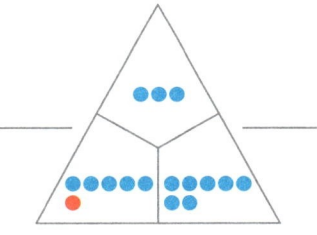

4 Zeichne die Plättchen passend ein.

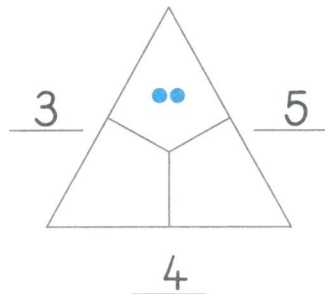

1–3 Rechendreiecke vervollständigen. Benachbarte Dreiecke vergleichen. Operative Veränderungen erklären und evtl. mit Plättchendarstellungen oder Termen begründen. **4** Fehlende Innenzahlen durch Ergänzen finden.

→ Schulbuch, Seite 111

71

Rückblick

1 Finde Aufgabe und Umkehraufgabe zum Bild.

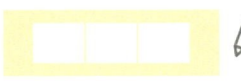

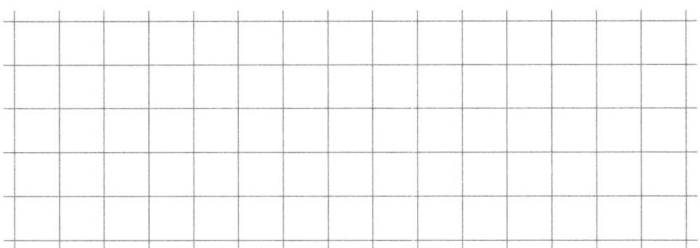

2 Rechne Aufgabe und Umkehraufgabe.

$6 + 4 =$ _____ $7 + 2 =$ _____ $9 + 5 =$ _____

$10 - 4 =$ _____ $9 - 2 =$ _____ $14 - 5 =$ _____

3 Ergänze.

$4 +$ _____ $= 7$ $7 +$ _____ $= 10$ $5 +$ _____ $= 9$

$13 +$ _____ $= 15$ $15 +$ _____ $= 20$ $12 +$ _____ $= 19$

4

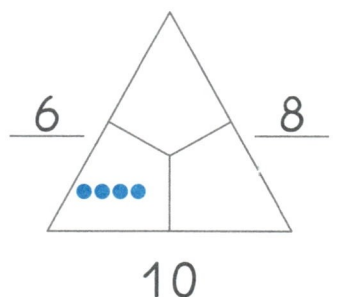   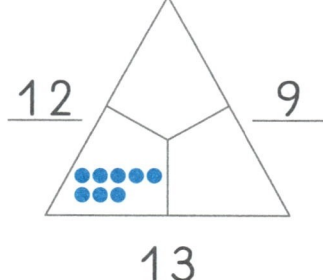   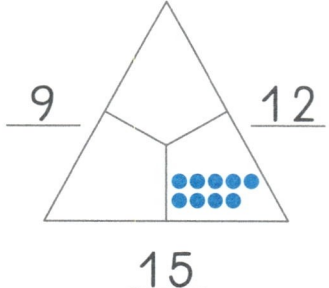

Wesentliche Inhalte des Kapitels noch einmal reflektieren, die eigenen Kompetenzen einschätzen.
→ Schulbuch, Seiten 112/113

Mit Geld rechnen

Prices shown: 12 €, 14 €, 7 €, 11 €, 4 €, 16 €, 6 €, 8 €

1 Ich kaufe:

 Ich bezahle:

 Ich bezahle:

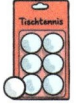 Ich bezahle:

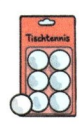 Ich bezahle:

Ich kaufe:

Ich bezahle:

Ich kaufe:

Ich bezahle:

Ich kaufe:

Ich bezahle:

Ich kaufe:

Ich bezahle:

2 Ich kaufe: Ich bezahle: Ich kaufe: Ich bezahle:

---

1 Preis bestimmen, mit Rechengeld legen und aufzeichnen. **2** Gegenstand aus dem Bild auswählen. Preis mit Rechengeld legen und aufzeichnen.

→ Schulbuch, Seiten 114/115

Mit Geld rechnen

1 Schreibe Preislisten.

Anzahl	Preis
🍬	2 €
🍬🍬	4 €
🍬🍬🍬	
🍬🍬🍬🍬	
🍬🍬🍬🍬🍬	

Anzahl	Preis
🍎	3 €
🍎🍎	
🍎🍎🍎	
🍎🍎🍎🍎	
🍎🍎🍎🍎🍎	

2 Wie viel Euro kostet es zusammen?

_____

_____

Herz 5 €
Zuckerwatte 2 €
Apfel 3 €
Popcorn 4 €

_____   _____   _____

1 Preislisten schreiben, ggf. Rechengeld nutzen. **2** Preise mithilfe der Preislisten und ggf. mit Rechengeld bestimmen.
→ Schulbuch, Seiten 116/117

Die Einspluseins-Tafel

1 Schwierige Aufgaben mit einfachen Nachbaraufgaben lösen.

mit 10

6 + 10 = _____   10 + ___ = _____   ___ + 10 = _____
6 + 9 = ____   9 + 4 = ____   3 + 9 = ____

10 + ___ = _____   ___ + 10 = _____   10 + ___ = _____
9 + 7 = ____   8 + 9 = ____   9 + 6 = ____

= 10

3 + 7 = 10   ___ + ___ = 10   ___ + ___ = 10
3 + 8 = ____   4 + 7 = ____   2 + 9 = ____

___ + ___ = 10   ___ + ___ = 10   ___ + ___ = 10
6 + 5 = ____   9 + 2 = ____   8 + 3 = ____

doppelt

7 + 7 = _____   ___ + ___ = _____   ___ + ___ = _____
8 + 7 = ____   4 + 5 = ____   8 + 9 = ____

2 Finde die Aufgaben in der Einspluseins-Tafel.

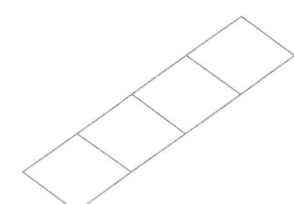

4 + 2 = ____   4 + 3 = ____
5 + 2 = ____   5 + 3 = ____
6 + 2 = ____   6 + 3 = ____
7 + 2 = ____   ___ + ___ =

3

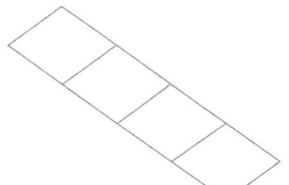

8 + 2 = ____   9 + 2 = ____
8 + 3 = ____   9 + 3 = ____
8 + 4 = ____   9 + 4 = ____
8 + 5 = ____   ___ + ___ =

Die Einspluseins-Tafel

1 Immer vier Aufgaben auf der Einspluseins-Tafel. Rechne.

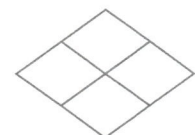

7 + 6 = _____   9 + 6 = _____   9 + 4 = _____

8 + 6 = _____   10 + 6 = _____   10 + 4 = _____

7 + 7 = _____   9 + 7 = _____   ___ + ___ = _____

8 + 7 = _____   ___ + ___ = _____   ___ + ___ = _____

2

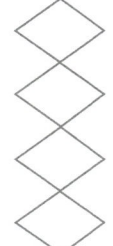

5 + 3 = _____   6 + 4 = _____   7 + 5 = _____

4 + 4 = _____   5 + 5 = _____   6 + 6 = _____

3 + 5 = _____   4 + 6 = _____   ___ + ___ = _____

___ + ___ = _____   ___ + ___ = _____   ___ + ___ = _____

3

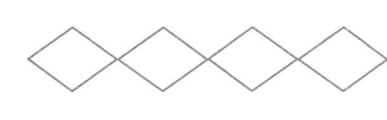

2 + 3 = _____   1 + 6 = _____   4 + 2 = _____

3 + 4 = _____   2 + 7 = _____   ___ + ___ = _____

___ + ___ = _____   ___ + ___ = _____   ___ + ___ = _____

___ + ___ = _____   ___ + ___ = _____   ___ + ___ = _____

4 Finde passende Aufgaben.

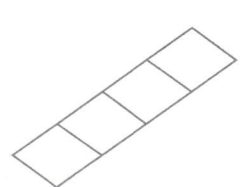

___ + ___ = _____   ___ + ___ = _____

___ + ___ = _____   ___ + ___ = _____

___ + ___ = _____   ___ + ___ = _____

___ + ___ = _____   ___ + ___ = _____

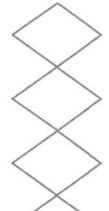

___ + ___ = _____   ___ + ___ = _____

___ + ___ = _____   ___ + ___ = _____

___ + ___ = _____   ___ + ___ = _____

___ + ___ = _____   ___ + ___ = _____

1–3 Aufgaben rechnen und Ergebnisse vergleichen.   **4** Wege zu Nachbaraufgaben/Aufgaben mit gleichem Ergebnis suchen.
→ Schulbuch, Seiten 118/119

Gleichungen und Ungleichungen

1 Vergleiche. < oder > oder =?

3 + 3 ◯ 5	3 + 5 ◯ 10	7 + 7 ◯ 15
3 + 2 ◯ 5	5 + 5 ◯ 10	7 + 8 ◯ 15
2 + 2 ◯ 5	4 + 5 ◯ 10	8 + 8 ◯ 15

4 + 5 ◯ 8	4 + 7 ◯ 14	14 + 6 ◯ 20
3 + 5 ◯ 8	4 + 8 ◯ 14	15 + 5 ◯ 20
2 + 5 ◯ 8	4 + 9 ◯ 14	16 + 4 ◯ 20

2

8 − 4 ◯ 5	12 − 4 ◯ 10	15 − 3 ◯ 12
8 − 3 ◯ 5	12 − 3 ◯ 10	15 − 2 ◯ 12
8 − 2 ◯ 5	12 − 2 ◯ 10	15 − 1 ◯ 12

5 − 4 ◯ 1	7 − 4 ◯ 5	13 − 6 ◯ 10
6 − 5 ◯ 1	8 − 4 ◯ 5	14 − 5 ◯ 10
7 − 6 ◯ 1	9 − 4 ◯ 5	15 − 4 ◯ 10

3 Finde passende Aufgaben.

___ + ___ < 5	___ + ___ = 5	___ − ___ = 5	___ − ___ > 5
___ + ___ < 5	___ + ___ = 5	___ − ___ = 5	___ − ___ > 5

	___ + ___ = 10		
___ + ___ < 10		___ − ___ = 10	___ − ___ > 10
___ + ___ < 10	___ + ___ = 10	___ − ___ = 10	___ − ___ > 10

___ + ___ < 15	___ + ___ = 15	___ − ___ = 15	___ − ___ > 15
___ + ___ < 15	___ + ___ = 15	___ − ___ = 15	___ − ___ > 15

1, 2 Terme mit Zahlen vergleichen, dabei möglichst wenige der Aufgaben ausrechnen.   **3** Eigene Gleichungen und Ungleichungen aufstellen.

→ Schulbuch, Seiten 120/121

77

Gerade und ungerade Zahlen

1 Halbiere.

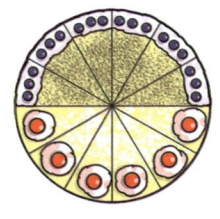

4 = 2 + _____   10 = ___ + _____   12 = ___ + _____

20 € = ___ + _____   6 € = ___ + _____   8 € = ___ + _____

16 € = ___ + _____   14 € = ___ + _____   18 € = ___ + _____

2 Halbiere.

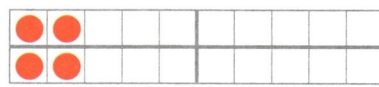

4 = ___ + _____   10 = ___ + _____   14 = ___ + _____

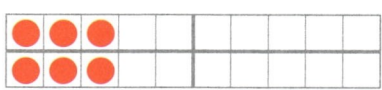
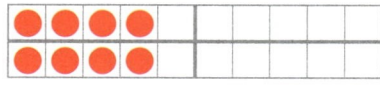

6 = ___ + _____   8 = ___ + _____   16 = ___ + _____

78

1, 2 Zahlen halbieren.
→ Schulbuch, Seiten 122/123

Zahlenmauern

1 Berechne die Zahlenmauern.

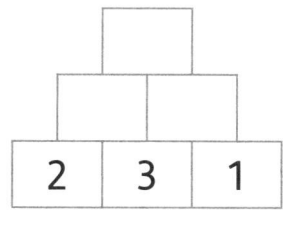 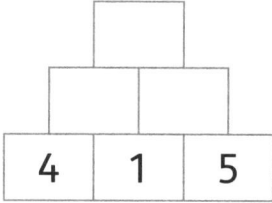 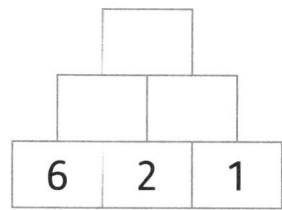 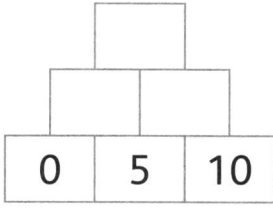

| 2 | 3 | 1 | | 4 | 1 | 5 | | 6 | 2 | 1 | | 0 | 5 | 10 |

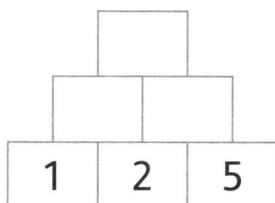 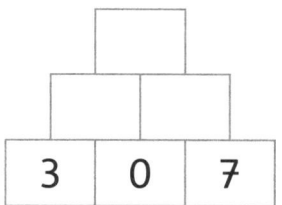 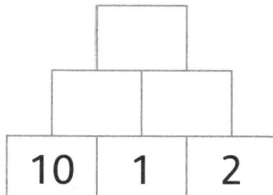 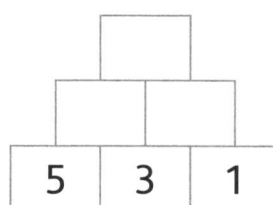

| 1 | 2 | 5 | | 3 | 0 | 7 | | 10 | 1 | 2 | | 5 | 3 | 1 |

2 Schöne Zahlenmauern. Welche Zahlen müssen ergänzt werden?

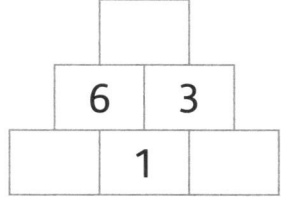 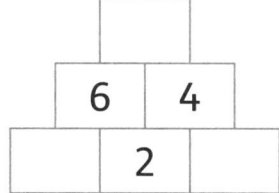 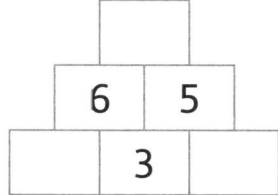 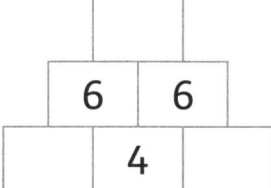

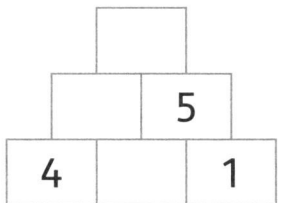 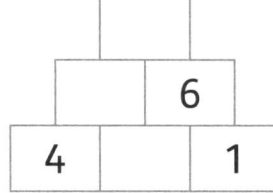 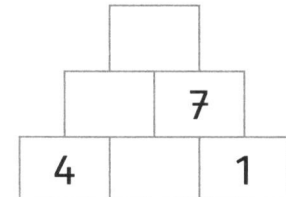 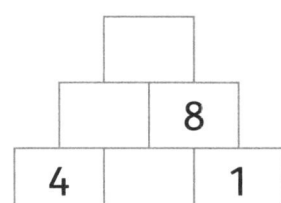

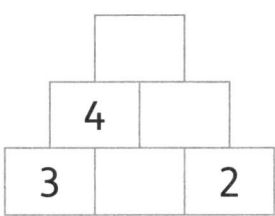 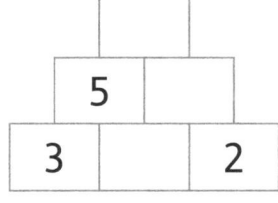 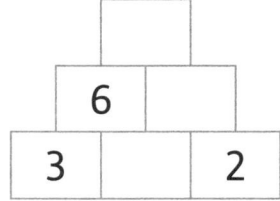 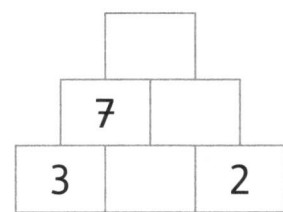

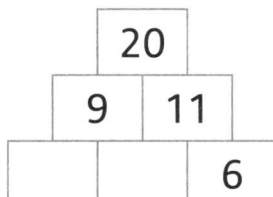

1 Zahlenmauern ausrechnen.   **2** Fehlende Zahlen, auch durch Ergänzen finden.

→ Schulbuch, Seite 126

79

Forschen und Finden: Zahlenmauern

1 Welche Grundsteine haben die Mauern?

13		15		12

13

5	8

3	

15

8	7

	5

12

5	7

	2

13

8	5

3	

15

7	8

	5

12

7	5

	2

Die Mauern haben die Grundsteine _____.

2 Gleiche Grundsteine. Rechne und vergleiche.

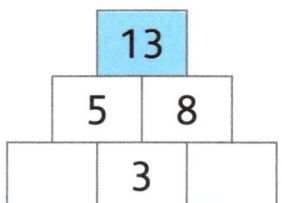

4	6	2

6	2	4

2	4	6

2	6	4

4	2	6

6	4	2

3 Finde die Grundsteine.

14

7	7

7	

14

7	7

6	

14

7	7

5	

14

7	7

4	

1, 2 Zahlenmauern mit denselben Grundsteinen erkunden.   **3** Grundsteine finden.

→ Schulbuch, Seite 127

Rückblick

1 Rechne geschickt mit der einfachen Nachbaraufgabe.

$7 + 9 =$ _____ $10 + 4 =$ _____ $6 + 7 =$ _____ $8 + 8 =$ _____

$7 + 10 =$ _____ $9 + 4 =$ _____ $5 + 7 =$ _____ $8 + 9 =$ _____

2 < oder > oder =?

$2 + 3 \bigcirc 5$ $5 + 4 \bigcirc 10$ $11 + 6 \bigcirc 15$

$3 + 3 \bigcirc 5$ $5 + 5 \bigcirc 10$ $11 + 5 \bigcirc 15$

$4 + 3 \bigcirc 5$ $5 + 6 \bigcirc 10$ $11 + 4 \bigcirc 15$

3 < oder > oder =?

$9 - 4 \bigcirc 5$ $15 - 3 \bigcirc 10$ $20 - 4 \bigcirc 15$

$8 - 4 \bigcirc 5$ $15 - 4 \bigcirc 10$ $20 - 5 \bigcirc 15$

$7 - 4 \bigcirc 5$ $15 - 5 \bigcirc 10$ $20 - 6 \bigcirc 15$

4 Halbiere.

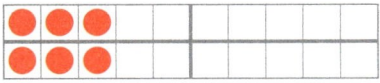   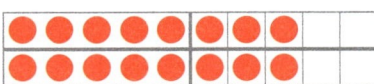

$6 =$ ____ + ____ $10 =$ ____ + ____ $16 =$ ____ + ____

5 Schöne Zahlenmauern. Rechne.

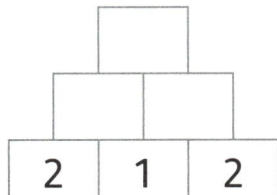   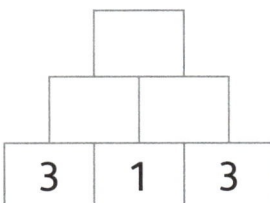   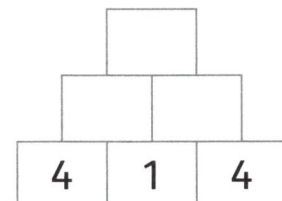   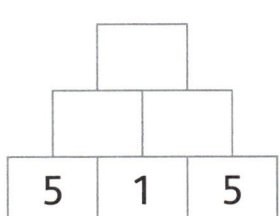

Sitzpläne

1 Zeichne den Plan.

Anna   Paula

Mila   Murat

_____ _____	
_____ _____	

2 Ich bin Murat.

Rechts von mir sitzt _____.

Mir gegenüber sitzt _____.

3 Ich bin Anna.

Links von mir sitzt _____.

Mir gegenüber sitzt _____.

4 Links von dir sitzt _____.

Rechts von dir sitzt _____.

Dir gegenüber sitzt _____.

1 Plan zeichnen.   2, 3 Im Plan orientieren.   4 Die Raumlagebegriffe auf die eigene Situation beziehen.
→ Schulbuch, Seiten 130/131

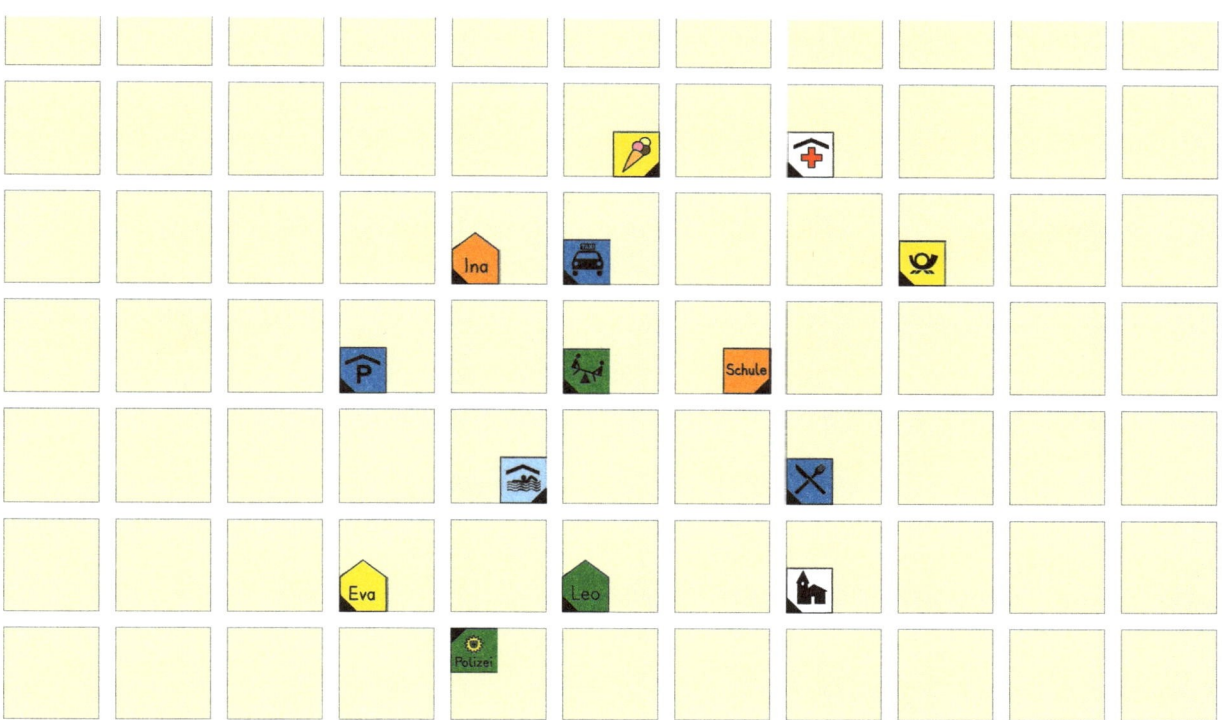

Schreibe mit Pfeilen.

1 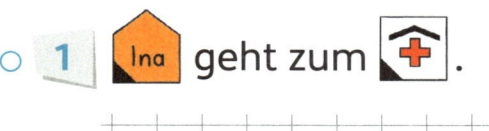 geht zum ⊕.

2  geht zu _____ ⌂.

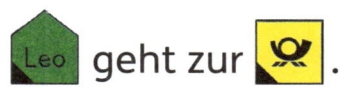 geht zur ⊕.

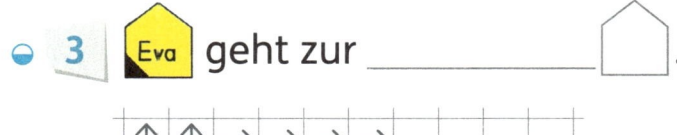 geht zur _____ ⌂.

✽ **4** Wohin kann 🏠 Ina noch gehen?

Ina geht _____ ⌂.

Ina geht _____ ⌂.

1, 2 Wege in Eckenhausen mithilfe von Pfeilen darstellen. **2, 3** Pfeildarstellungen einem Weg zuordnen. **4** Offene Aufgabe bearbeiten. Dazu zwei verschiedene Anlaufpunkte und je einen Weg zu diesen Punkten selbstständig festlegen.

→ Schulbuch, Seiten 132/133

83

Rechengeschichten

1 Ordne die Aufgaben den Bildern zu. Rechne.

| 3 + 2 | 6 + 1 | 8 − 3 | 5 − 2 | 8 + 1 | 7 − 1 | 5 + 3 | 9 − 1 |

2 Finde Aufgaben.

4 + 4 + 2 = 10   leere Gläser

1 Jede Aufgabe einem Bildausschnitt zuordnen und rechnen.   2 Aufgaben zum Bild finden und aufschreiben.

→ Schulbuch, Seiten 134–137

Tageszeiten

1 Wie spät ist es?

  _____ Uhr

  _____ Uhr

  _____ Uhr

  _____ Uhr

2 Wie spät ist es?

 _____ Uhr

 _____ Uhr

 _____ Uhr

3

2 Uhr   4 Uhr   6 Uhr   8 Uhr

_____ Uhr   _____ Uhr   _____ Uhr   _____ Uhr

1 Uhrzeiten passend zum Tagesverlauf eintragen.   **2, 3** Je eine passende Uhrzeit finden.

→ Schulbuch, Seiten 138/139

85

1 Trage die Uhrzeiten ein.

5 Uhr

8 Uhr

13 Uhr

2

Zirkus Gala
Beginn: 15.00 Uhr
Ende: 18.00 Uhr

Die Vorstellung dauert _____ Stunden.

3 Wie lange dauert es?

_____ Uhr

_____ Stunden

_____ Uhr

_____ Uhr

_____ Stunde

_____ Uhr

1 Uhrzeiten eintragen. **2, 3** Sachaufgaben lösen.
→ Schulbuch, Seiten 138/139

1 3. Advent. Wie kannst du die Kerzen nacheinander anzünden?

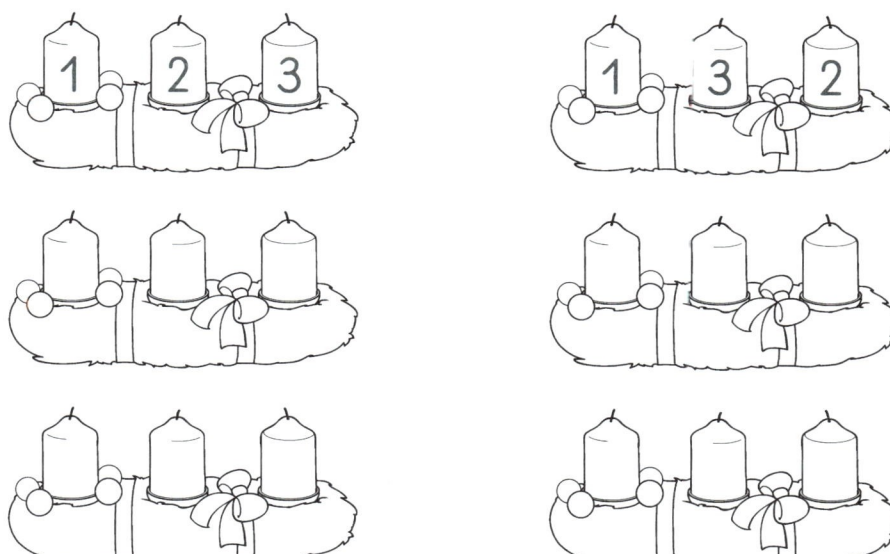

2 Wie viele Sterne hat Lena **mehr als** Marta?

Lena: ⭐ ⭐ ⭐ ⭐

Marta: ✦ ✦

Lena hat ____ Sterne **mehr als** Marta.

3 Wie viele Sterne hat Kim **weniger als** Till?

Kim: ✦ ✦

Till: ✦ ✦ ✦ ✦ ✦

Kim hat ____ Sterne **weniger als** Till.

4

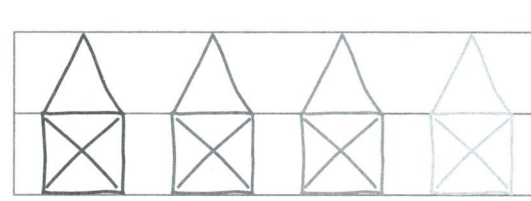

---

1 Versuchen, alle sechs Möglichkeiten zu finden. 2, 3 Sachaufgaben lösen, indem beispielsweise die Differenzmenge markiert wird. 4 Nikolaushäuser erst nachspuren und dann weiterzeichnen.

→ Schulbuch, Seiten 140/141

○ **1** Wie viele?

 _____  _____ 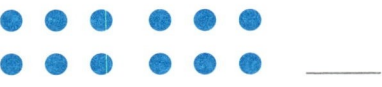 _____

 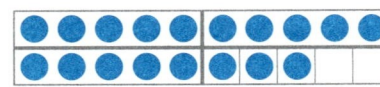 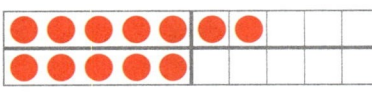

_____ _____ _____

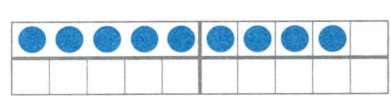 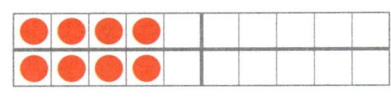 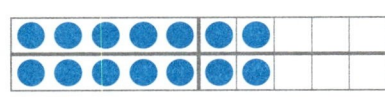

_____ _____ _____

○ **2** Zahlen zeichnen

 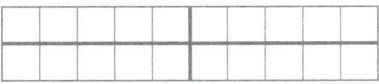 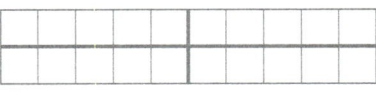

7 11 16

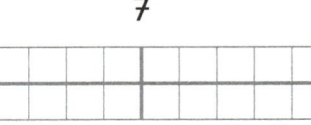 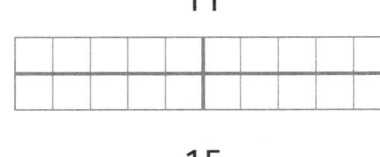 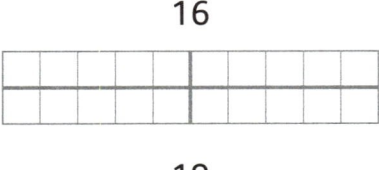

10 15 19

○ **3** Zwanzigerreihe

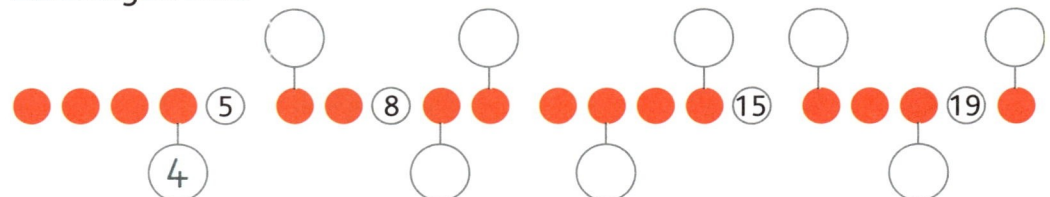

3 8 12 16 19

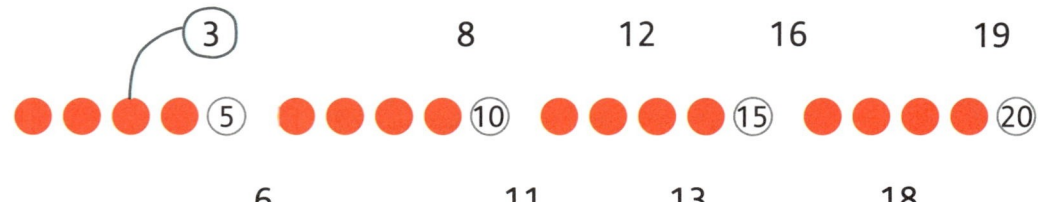

6 11 13 18

○ **4** Zählen vorwärts: _1_, _2_, ____, ____, ____, ____, ____, ____, ____, ____,

_11_, ____, ____, ____, ____, ____, ____, ____, ____, ____

Zählen rückwärts: _20_, _19_, ____, ____, ____, ____, ____, ____, ____, ____,

_10_, ____, ____, ____, ____, ____, ____, ____, ____, ____

Grundwissen am Ende des 1. Schuljahres. Die Aufgaben sollten selbstständig gelöst werden (Lernstandskontrolle).

○ **5** Nachbarzahlen

8				13			10			14	

		7			17			12			20

○ **6** Immer 5

● ● ● ● ●

4 + 1 _____ _____

_____ _____ _____

_____ _____ _____

Immer 10

● ● ● ● ●   ● ● ● ● ●

1 + 9 _____ _____

_____ _____ _____

_____ _____ _____

_____ _____

○ **7** ● ● ● ● ⑤ ● ● ● ● ⑩ ● ● ● ● ⑮ ● ● ● ● ⑳

6 = 5 + ____	8 = 5 + ____	14 = 10 + ____	7 = 5 + ____
6 = 10 − ____	8 = 10 − ____	14 = 15 − ____	7 = 10 − ____

16 = 15 + ____	18 = 15 + ____	19 = 15 + ____	17 = 15 + ____
16 = 20 − ____	18 = 20 − ____	19 = 20 − ____	17 = 20 − ____

○ **8** In Schritten zählen

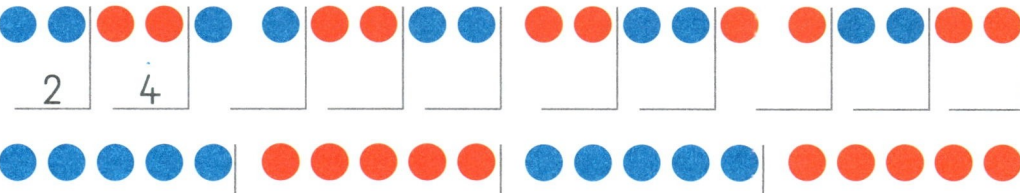

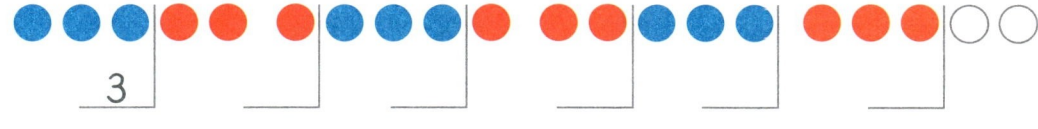

Grundwissen am Ende des 1. Schuljahres. Die Aufgaben sollten selbstständig gelöst werden (Lernstandskontrolle).

89

1 Plusaufgaben im Zwanzigerfeld

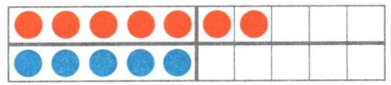      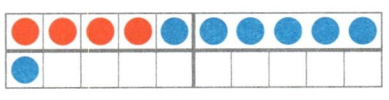

$7 + 5 = 12$ _____   _____

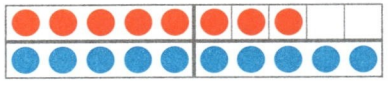   _____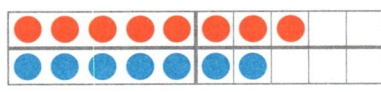

_____   _____   _____

2 Einfache Plusaufgaben

$2 + 1 =$ _____	$7 + 1 =$ _____	$10 + 3 =$ _____	$9 + 2 =$ _____
$3 + 2 =$ _____	$17 + 1 =$ _____	$9 + 10 =$ _____	$5 + 4 =$ _____
$4 + 2 =$ _____	$1 + 18 =$ _____	$10 + 7 =$ _____	$15 + 5 =$ _____
$4 + 1 =$ _____	$15 + 2 =$ _____	$9 + 0 =$ _____	$2 + 5 =$ _____
$5 + 5 =$ _____	$12 + 3 =$ _____	$10 + 10 =$ _____	$7 + 3 =$ _____

3 Verdoppeln

$0 + 0 =$ _____	$5 + 5 =$ _____	$10 + 10 =$ _____	
$1 + 1 =$ _____	$6 + 6 =$ _____	$2 + 2 =$ _____	$7 + 7 =$ _____
$3 + 3 =$ _____	$8 + 8 =$ _____	$4 + 4 =$ _____	$9 + 9 =$ _____

4 Von einfachen zu schwierigen Plusaufgaben

$8 + 2 =$ _____	$5 + 4 =$ _____	$7 + 7 =$ _____	$5 + 10 =$ _____
$8 + 3 =$ _____	$5 + 5 =$ _____	$7 + 6 =$ _____	$5 + 9 =$ _____
$8 + 4 =$ _____	$5 + 6 =$ _____	$8 + 6 =$ _____	$5 + 11 =$ _____
$8 + 5 =$ _____	$5 + 7 =$ _____	$9 + 6 =$ _____	$5 + 12 =$ _____
$8 + 6 =$ _____	$5 + 8 =$ _____	$9 + 7 =$ _____	$5 + 15 =$ _____

5 Ergänzen bis 10 und 20

 $7 +$ _____ $= 10$

$8 +$ _____ $= 10$ $6 +$ _____ $= 10$
$18 +$ _____ $= 20$ $16 +$ _____ $= 20$

$17 +$ _____ $= 20$

$5 +$ _____ $= 10$ $4 +$ _____ $= 10$
$15 +$ _____ $= 20$ $14 +$ _____ $= 20$

Grundwissen cm Ende des 1. Schuljahres. Die Aufgaben sollten selbstständig gelöst werden (Lernstandskontrolle).

○ **6** Minusaufgaben am Zwanzigerfeld

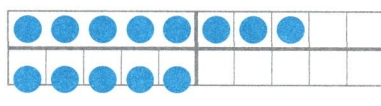

13 − 5 = _____

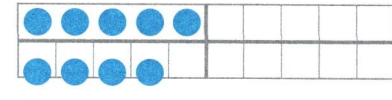

9 − 4 = _____

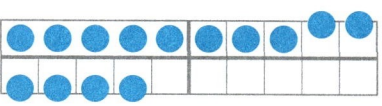

14 − 6 = _____

○ **7** Einfache Minusaufgaben

4 − 2 = _____	10 − 1 = _____	17 − 10 = _____	12 − 0 = _____
3 − 1 = _____	17 − 1 = _____	17 − 7 = _____	9 − 2 = _____
5 − 3 = _____	7 − 1 = _____	11 − 10 = _____	13 − 3 = _____
6 − 4 = _____	11 − 2 = _____	16 − 5 = _____	18 − 3 = _____

○ **8** Von einfachen zu schwierigen Minusaufgaben

9 − 1 = _____	17 − 10 = _____	11 − 1 = _____	16 − 8 = _____
9 − 2 = _____	17 − 9 = _____	11 − 2 = _____	16 − 7 = _____
9 − 4 = _____	17 − 8 = _____	11 − 3 = _____	16 − 9 = _____
9 − 9 = _____	17 − 7 = _____	11 − 5 = _____	16 − 10 = _____

○ **9** Halbieren

10 = _____ + _____	20 = _____ + _____	14 = _____ + _____	16 = _____ + _____
12 = _____ + _____	18 = _____ + _____	4 = _____ + _____	6 = _____ + _____

○ **10** Aufgabe und Umkehraufgabe

7 + 6 = 13	8 + 9 = _____	4 + 5 = _____	8 + 4 = _____
13 − 6 = _____	_____	_____	_____

13 − 4 = 9	11 − 2 = _____	17 − 8 = _____	11 − 9 = _____
9 + 4 = _____	_____	_____	_____

○ **11** Plusaufgaben mit gleichen Zahlen

2 + 2 + 2 = _____	3 + 3 + 3 = _____	4 + 4 + 4 = _____
5 + 5 + 5 = _____	6 + 6 + 6 = _____	5 + 5 + 5 + 5 = _____
3 + 3 + 3 + 3 = _____	4 + 4 + 4 + 4 = _____	1 + 1 + 1 + 1 + 1 = _____

Grundwissen am Ende des 1. Schuljahres. Die Aufgaben sollten selbstständig gelöst werden (Lernstandskontrolle).

91

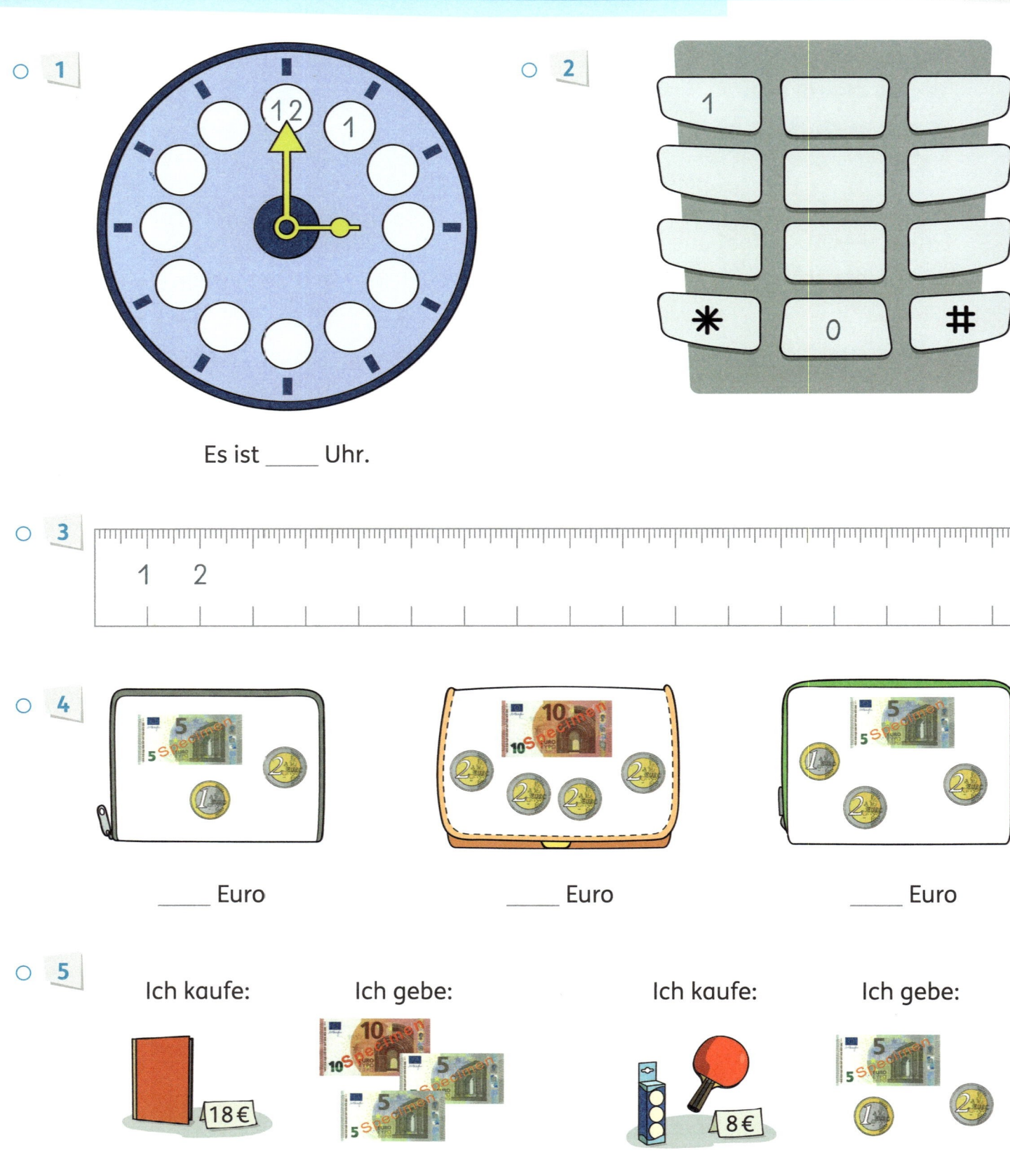

1

Es ist _____ Uhr.

2

3

1   2

4

_____ Euro

_____ Euro

_____ Euro

5

Ich kaufe: Ich gebe:

18 €

Ich bekomme _____ Euro zurück.

Ich kaufe: Ich gebe:

8 €

Ich bekomme _____ Euro zurück.

Grundwissen am Ende des 1. Schuljahres. Die Aufgaben sollten selbstständig gelöst werden (Lernstandskontrolle).
1–3 Zahlen in der Umwelt.   **4, 5** Geld.

6 Ben hat __5__ Spielzeugautos.

Seine Tante schenkt ihm 2 Autos.

$5 + 2 =$ _____

Ben hat jetzt _____ Autos.

7 Metin hat _____ Murmeln.

Er findet noch 2 Murmeln.

_____

Metin hat jetzt _____ Murmeln.

8 Am Teich sitzen _____ Frösche.

2 Frösche hüpfen weg.

_____

_____ Frösche bleiben sitzen.

9 Auf dem Tisch liegen _____ Äpfel.

Noah isst 1 Apfel. Sophie isst 2 Äpfel.

_____

_____ Äpfel bleiben übrig.

10 Auf dem Ast sitzen _____ Vögel.

Erst kommen 2 Vögel dazu,
dann fliegen 3 Vögel weg.

_____

Auf dem Ast sind jetzt _____ Vögel.

11 Die Torte hat 12 Stücke.

Oma, Opa, Mama, Papa, Eva und Jan
essen je 1 Stück.

_____

_____ Tortenstücke bleiben übrig.

12 Erfinde eine Rechengeschichte.

Grundwissen am Ende des 1. Schuljahres. Die Aufgaben sollten selbstständig gelöst werden (Lernstandskontrolle).
6–11 Einfache Textaufgaben.

93

Wie viele? — 7

Anzahl legen und nennen.

Ich sehe 6 und 1.

Ich sehe 4 und 3.

1. Prüfung am:

_____

2. Prüfung am:

_____

Kraft der Fünf — 7

Ein Fünfer und 2 Einer.

Vorderseite einer Wendekarte zeigen, Anzahl der Fünfer und Einer nennen.

1. Prüfung am:

_____

2. Prüfung am:

_____

Immer 10 — 6

Zahl zwischen 1 und 10 zeigen, nennen und bis 10 ergänzen.

6 + 4

Immer 20 — 16

Zahl zwischen 11 und 20 zeigen, nennen und bis 20 ergänzen.

16 + 4

1. Prüfung am:

_____

2. Prüfung am:

_____

Zerlegen — 8

Reihen zerlegen und Plusaufgabe nennen.

7 + 1

1. Prüfung am:

_____

2. Prüfung am:

_____

Zahlenreihe — 13

Zahlen zeigen und nennen.

10 und 3

3 weiter als 10.

1. Prüfung am:

_____

2. Prüfung am:

_____

_____ hat am _____ die Schlussprüfung im Blitzrechnen 1 abgelegt.

Verdoppeln

Rote Zahl nennen und verdoppeln.

6 + 6 = 12

6

Bei 6 + 6 sehe ich Doppelfünf.

6 + 6 sind 10 + 2.

1. Prüfung am:

_____

2. Prüfung am:

_____

Plusaufgaben

Plusaufgaben legen, nennen und rechnen.

4 + 3 = 7
3 + 4 = 7

1 mehr als 3 + 3.

1 weniger als 4 + 4.

5 + 3 hilft mir.

1. Prüfung am:

_____

2. Prüfung am:

_____

Minusaufgaben

Minusaufgaben legen, nennen und rechnen.

14 − 3 = 11

1 mehr als 14 − 4.

1 mehr als 13 − 3.

4 − 3 = 1
14 − 3 = 11

1. Prüfung am:

_____

2. Prüfung am:

_____

Halbieren

Zahl zeigen, nennen und halbieren.

8

4

8 − 4 = 4

8 = 4 + 4

Das Doppelte von 4 ist 8.

Die Hälfte von 8 ist 4.

1. Prüfung am:

_____

2. Prüfung am:

_____

Zählen in Schritten

Schritte vorgeben und in Schritten zählen.

Immer 4 weiter.

4, 8, 12, 16, 20

Immer   4   8   12   16   20
+ 4

1. Prüfung am:

_____

2. Prüfung am:

_____

Mini-Einmaleins

Aufgaben zeigen, nennen und Ergebnis nennen.

3 mal 3

9

3 + 3 + 3

3, 6, 9

Unterschrift: _____

Wie viele?

Auf dem Tisch wird eine kleine Anzahl (bis zu 10) Plättchen gelegt, das Kind hält die Augen dabei geschlossen. Dann öffnet es die Augen und bestimmt die Anzahl, möglichst ohne zu zählen. Die Anordnung der Plättchen in Mustern (z. B. Würfel-Fünf) ist hilfreich.

 ### Kraft der Fünf

Grundlage sind die Wendekarten von 0 bis 20. Das erste Kind wählt eine Zahl auf der Zahlenseite. Das zweite Kind beschreibt die zugehörige Fünferzerlegung auf der Rückseite. Beispiele: 1 Fünfer plus 1 Einer (kurz: 5 + 1), 1 Fünfer plus 2 Einer (5 + 2), ..., 2 Fünfer (5 + 5), 2 Fünfer plus 1 Einer (5 + 5 + 1), ..., 3 Fünfer (5 + 5 + 5), ... Vorwiegend sollte die Zerlegung der Zahlen von 6 bis 14 eingeübt werden.

 ### Immer 10/Immer 20

a) Grundlage für diese Übung ist das Zwanzigerfeld, bei dem die erste Reihe mit roten, die zweite mit blauen Plättchen gefüllt ist. Bei der Übung „Immer 10" bleibt die zweite Reihe abgedeckt. Mit einem Stift wird die rote Reihe in zwei Teile zerlegt und der erste Summand genannt. Das Kind nennt die gesamte Zerlegung.

b) Bei der Übung „Immer 20" wird mit einem Stift in der zweiten Reihe eine Zahl zwischen 10 und 20 gezeigt und genannt. Das Kind nennt die zugehörige Zerlegung von 20.

 ### Zerlegen

Grundlage ist eine gegliederte Reihe von bis zu 9 Plättchen. Die Reihe wird mit einem Stift in zwei Teile gelegt. Die Anzahl der Plättchen links davon wird genannt. Das Kind bestimmt die Anzahl der Plättchen rechts davon. Variante: Das Kind nennt die Anzahlen beider Teile als Plusaufgabe.

 ### Zahlenreihe

Grundlage ist eine in Fünfer gegliederte Reihe von 20 Plättchen. Beziffert sind nur die Plättchen 5, 10, 15 und 20. Das Kind nennt die Zahl, die sich hinter dem gezeigten Plättchen verbirgt. In die Abfolge der Aufgaben kann man Beziehungen einbauen, z. B. 6 und 16 oder 6 und 11.

 ### Verdoppeln

Am Zwanzigerfeld ist die erste Reihe mit roten, die zweite mit blauen Plättchen belegt. Mit einem Papier wird rechts ein Stück abgedeckt, und es wird die Anzahl der sichtbaren roten Plättchen genannt. Das Kind nennt die Anzahl aller sichtbaren Plättchen. Die Aufgabe 5 + 5 = 10 ist dabei hilfreich.

 ### Plusaufgaben

Am leeren Zwanzigerfeld werden rote und blaue Plättchen gelegt. Das Kind bestimmt die Summe. Um den Legeaufwand zu verringern, sollten die Aufgaben fortlaufend abgewandelt werden. Aus 4 + 3 kann man z. B. die Aufgaben 4 + 4, 5 + 4, 5 + 2 machen. Auf diese Weise werden die Aufgaben beziehungsreich gelernt.

 ### Minusaufgaben

Am Zwanzigerfeld wird eine Anzahl blauer Plättchen gelegt, und dann werden einige Plättchen etwas weiter weg gerückt („minus"). Das Kind bestimmt die Anzahlen aller und der weggenommenen Plättchen und rechnet die zugehörige Minusaufgabe. Auch diese Aufgaben sollten fortlaufend abgewandelt werden.

 ### Halbieren

Diese Übung hat große Ähnlichkeit mit der Übung „Verdoppeln" und basiert auf der gleichen Grundlage. Mit einem Stück Papier wird ein Stück der Zwanzigerreihe abgetrennt und die Anzahl aller sichtbaren Plättchen genannt. Das Kind nennt die Anzahl der roten Plättchen (die Hälfte).

Zählen in Schritten/Mini-Einmaleins

a) Auf der Zwanzigerreihe mit den Stützzahlen 5, 10, 15, 20 muss das Kind nach Vorgabe in Zweier-, Dreier-, Vierer- oder Fünfer-Schritten vorwärts oder rückwärts zählen. Dies ist eine sehr gute Vorübung für das Mini-Einmaleins.

b) Unter „Mini-Einmaleins" versteht man die Aufgaben von 1 · 1 bis 5 · 5. Am 5 · 5-Feld werden solche Aufgaben mit einem Winkel gelegt und benannt. Das Kind bestimmt das Ergebnis, wobei es die Kenntnisse von anderen Übungen anwenden kann.
Beispiel: 2 Dreier = 6 (Verdoppeln), 6 + 3 = 9 (Plusaufgaben). Also 3 Dreier = 9.